书籍装帧设计

主　编　匡载彰
副主编　李　洁　凌月洁
参　编　刘　璇

北京理工大学出版社
BEIJING INSTITUTE OF TECHNOLOGY PRESS

内容简介

本书共有8章，内容包括书籍装帧设计概论、书籍视觉形象设计、书籍整体设计、书籍封面设计、书籍版式设计、书籍插图设计、书籍印刷与装订、书籍专项设计。本书力求从书籍装帧的本质及原理入手，以实例说明书籍装帧的历史和发展及其新形式、新材料、新表现的艺术内容等。

本书可作为高等院校各类艺术设计类相关专业的教学用书，也可供相关设计人员参考使用。

图书在版编目（CIP）数据

书籍装帧设计 / 匡载彰主编 .—北京：北京理工大学出版社，2020.7

ISBN 978-7-5682-8737-1

Ⅰ. ①书…　Ⅱ. ①匡…　Ⅲ. ①书籍装帧－设计　Ⅳ. ① TS881

中国版本图书馆 CIP 数据核字（2020）第 128176 号

出版发行 / 北京理工大学出版社有限责任公司
社　　址 / 北京市海淀区中关村南大街5号
邮　　编 / 100081
电　　话 / （010）68914775（总编室）
（010）82562903（教材售后服务热线）
（010）68948351（其他图书服务热线）
网　　址 / http：//www.bitpress.com.cn
经　　销 / 全国各地新华书店
印　　刷 / 天津久佳雅创印刷有限公司
开　　本 / 889毫米×1194毫米　1/16
印　　张 / 7
字　　数 / 226千字
版　　次 / 2020年7月第1版　2020年7月第1次印刷
定　　价 / 72.00元

责任编辑 / 王晓莉
文案编辑 / 王晓莉
责任校对 / 刘亚男
责任印制 / 边心超

图书出现印装质量问题，请拨打售后服务热线，本社负责调换

PREFACE

前言

书籍是文化传播的媒介之一，同时也是传播知识与思想的载体，更是人类经验与智慧的延续。书籍装帧设计是指从文稿到成书出版的整个设计过程，也是书籍形式从平面化向立体化转变的过程。它包括书籍的开本、装帧形式、封面、腰封、字体、版面、色彩、插图，以及纸张材料、印刷、装订及工艺等各个环节的设计。它不仅是为书籍设计一张封面，而且是一个系统工程，要做到功能性、艺术性、技术性兼备，是一项追求内容与形式完美统一的创造性活动，其内容和形式应当是一个和谐的统一体，有什么样的书就有什么样的设计与之相适应。

随着社会的不断发展，书的形态、结构、书写方式、使用材料、设计形式都在不断变化。作为一门专业课程，书籍装帧设计涉及平面、立体、空间、材料、工艺的综合训练和体验。从设计师的角度而言，书籍装帧设计必须以市场和消费者为中心，将情感融入书籍的各个设计要素中，以特定的美感形式表达出对书籍内容的理解；通过艺术表达的方式，与读者的心灵产生碰撞，从而引起读者对书籍内容的美好联想，给读者以美的享受，也就是要通过艺术形式表达出设计师的情感，创造书籍的艺术美。而对于教师来说，书籍装帧设计则应针对教学目标与教学大纲系统地安排讲授与训练。

本书在内容上遵循循序渐进、理论联系实际的原则，融合教与学两个方面的规律，配有丰富的中外书籍装帧作品，生动地阐述了书籍装帧的基本理论及方法技巧，同时根据读者的审美和个性需求，积极吸收国外书籍装帧新观念，适时融入一些书籍装帧新理念，引导学生从实践中归纳、发现应用技巧并领悟出书籍装帧的基本规律，将感性认识与理性分析完美结合，从而为学生进行专业学习打下良好的基础。

由于编者水平有限，书中不足之处在所难免，敬请广大读者批评指正。

编　者

CONTENTS

目录

第1章 CHAPTER I

书籍装帧设计概论

学习目标

熟悉封面设计、装帧设计同书籍设计的联系与区别；了解书籍设计发展简史；了解书籍装帧设计的意义和功能，并熟悉其基本原则。

第一节　书籍装帧设计的相关概念

一、书籍

Sofia Pusa：野生蘑菇食谱书籍设计

书籍，英文名为“Book”。书有广义和狭义之分，广义的书是指一切传播信息的媒介；狭义的书可以理解为带有文字和图像的纸张的集合，包括书籍、画册、图片等出版物。

书籍是用文字、图形或其他符号，在一定媒介上记录各种知识，清楚地表达思想，并且制成卷册的著作物。作为传播知识与思想、积累人类文化的重要工具，随着社会的发展，书籍的形态、结构、书写方式、使用媒介、装帧形式、设计理念等都在不断变化与革新（图1-1至图1-4）。

图1-1　《苏州艺术家研究》　吴一风、施小慧

图1-2　《样板新风》　茹计兰

图 1-3 《绝版 A》 佚名

图 1-4 *Collezioni Haute Couture* 佚名

图 1-5 《岭南庭园》 付金红

图 1-6 《王新元篆刻·心经》 佚名

二、封面设计、装帧设计和书籍设计

1. 封面设计

封面设计是指根据书籍内容对书籍的封面进行图文创意及版面编排设计。封面设计包括对封面、书脊、封底及勒口的设计（图 1-5）。

2. 装帧设计

“帧”为数量词，一帧为一张。装帧的本意是将纸张折叠成一帧，用线将多帧装订起来，附上书皮，贴上书签，并进行具有保护功能的设计。“装帧”一词来源于日本，由丰子恺先生于 20 世纪 30 年代引入中国，同时使用的还有“装订”“装画”等词。

3. 书籍设计

书籍设计是指从书籍文稿到成书出版的整个设计过程，涵盖了书籍的开本、装帧形式、封面、腰封、字体、版面、色彩、插图，以及纸张材料、印刷、装订及工艺等各个环节的设计，是包含了艺术思维、构思创意和技术手法的系统设计（图 1-6 至图 1-8）。

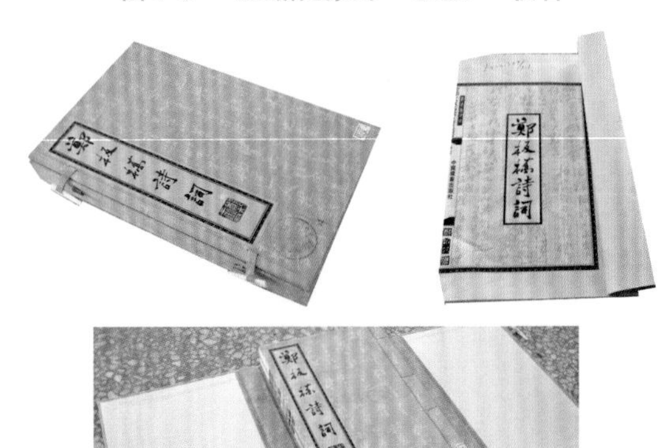

图 1-7 《郑板桥诗词》 赵增越

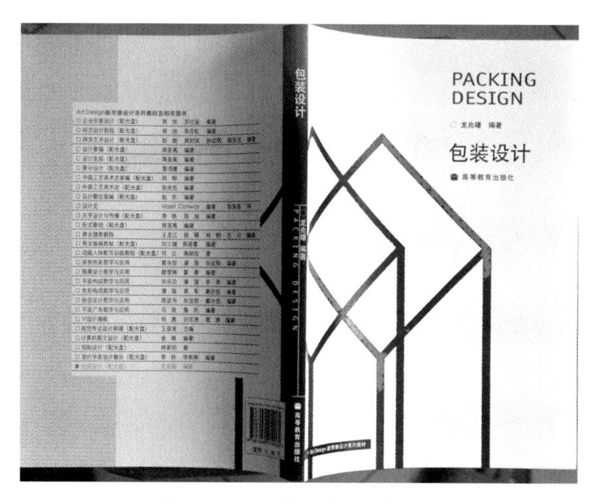

图 1-8 《包装设计》 龙兆曙

第二节 书籍装帧设计的发展历程

文字与承载其的材料形成的整体被称为“书”。从刻画符号，到简策、帛书、卷轴，再到当今翻阅轻松、阅读流畅的纸质书，书籍的形态经过了漫长的发展历程。书籍的形态与所用的材料、工艺手段因各个历史时期不同的社会生产力水平而各具特色，同时也反映出不同的社会意识形态。

一、西方古代书籍艺术

1. 泥版书

作为图文的载体，书籍离不开文字。美索不达米亚的苏美尔人和闪米特人（又称腓尼基人）创造的楔形文字是人类最早的文字。苏美尔人用一种三角形的小凿子在泥板上凿上文字，笔画开头粗大、尾部细小，很像蝌蚪的形状。待泥板干燥窑烧后，形成坚硬的字板，装入皮袋或箱中组合，就成了厚厚的一页页重合起来的“泥版书”（图 1-9）。由于泥版书笨重而不便于携带，后来被羊皮书取代。

2. 纸莎草纸书

古埃及人在公元前 3000 年发明了象形文字，并用修剪过的芦苇笔在纸莎草纸上书写，呈卷轴形态。因纸莎草价格昂贵，后来欧洲人用羊皮制成的纸取代了纸莎草纸（图 1-10）。

3. 蜡版书

古罗马人发明了蜡版书，就是在书本大小的木板中间，开出一块长方形的宽槽，在槽内填上黄黑色的蜡。书写时使用一种奇特的尖笔，字迹往往不易写得规矩。在木板的一侧，上下各有一个小孔，通过小孔穿线将多块小木板系牢，这就形成了书的形式。为了防止磨损字迹，蜡版书的最前和最后一块木板不填充蜡，功能近似于今天的封面和封底。在几个世纪里，学生们往往都在腰间系一块蜡版，这是一种很独特的书籍形态。

4. 羊皮书

人们在阅读卷轴时，必须左右手同时进行，并且不可能同时使用几个卷轴，这促使了以“页”为单位的“羊皮纸”的诞生。小亚细亚的帕加马人在公元前 2 世纪发明了羊皮纸。羊皮纸比纸莎草纸薄而结实，便于两面记载和折叠，且可采取一种册籍的形式，与今天的书很相似。册籍翻阅起来比卷轴容易，可以很好地进行查阅，方便收藏和携带。册籍出现后，欧洲书籍的形式也由卷轴逐渐变成了册页样式（图 1-11）。

图 1-9 泥版书

图 1-10 古埃及纸莎草纸书

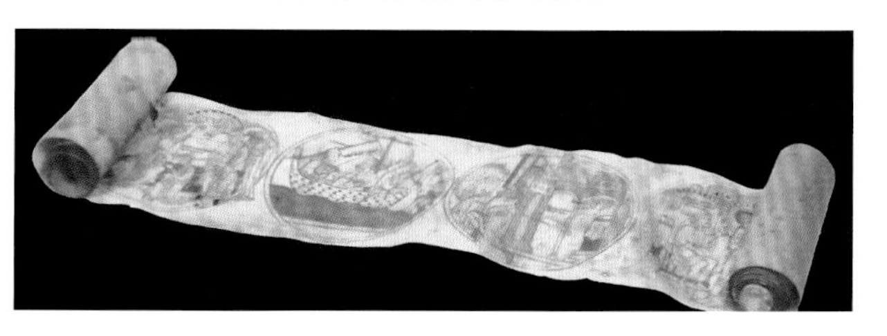

图 1-11 羊皮书

二、西方现代书籍艺术

1. 古腾堡时期

13 世纪左右，中国造纸术传入欧洲，促进了新的印刷技术的诞生。1440 年德国的古腾堡发明了金属活字版印刷术，1454 年由古腾堡印制的四十二行本《圣经》是第一本因其每页的行数而得名的印刷书籍，堪称活版印刷的里程碑。四十二行本《圣经》中的字体都具有相同的大小和形状，模仿手抄本中使用的哥特体。1476 年，第一家印刷所在英国诞生，书籍设计渐趋成熟（图 1-12 和图 1-13）。

图 1-12　印制机器

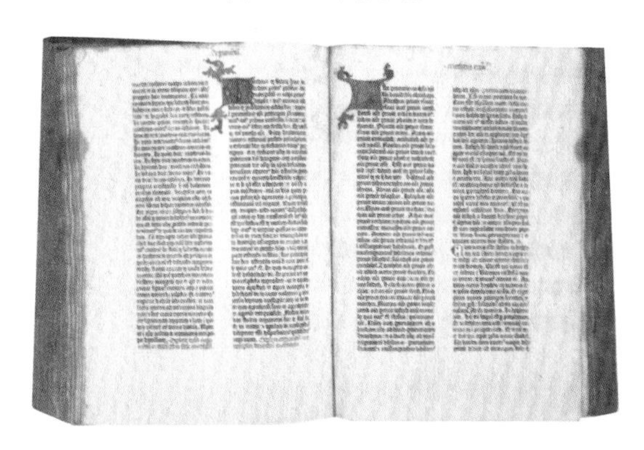

图 1-13　四十二行本《圣经》

2. 文艺复兴时期

16 世纪，文艺复兴运动风行全欧洲。此时，书籍明显呈现为王室特装书籍与实用书籍两种。实用书籍多为袖珍开本，被称为“蓝色丛书”。它得名于封面的颜色，其内文的排版相对紧密，一般附有木刻插图。其内有娱乐消息，有实用常识，书价低，趋平民化。王室特装书籍则印制考究，材质华丽，到 18、19 世纪时，这类书更是“豪华”有加，便于贵族收藏（图 1-14）。

图 1-14　欧洲手工书

3. 现代书籍设计

19 世纪末 20 世纪初，西方兴起“现代美术运动”，书籍艺术随之进入现代化阶段。现代而先进的机械化印刷术取代了手工印刷术，锌版制造术、丝网印刷技术以及胶版印刷技术的发明与普及，更是促进了书籍设计的发展。

西方现代书籍设计的风格一直在变化。从 16 世纪后，巴洛克艺术的神秘气息，古典主义的崇尚理性和自然之风，启蒙运动的象征意味和装饰性，洛可可艺术的纤巧、华丽、聚密，均在书籍设计中有所体现。18 世纪开始，书籍设计艺术更是呈现出千姿百态的风貌，装帧形式出现了许多华贵的类型，如使用颜色各异封皮的马赛克形式等，还流行在封皮上印上拥有者的纹章。在书店里，人们可以买到按普通方法装订的书，甚至可另请装帧师按照自己的意愿进行个性化的装饰。总体看来，手工匠时期，所做物品精美，但所花时间多，造价昂贵，只能为少数贵族所享用，设计意识淡化，大多沿用中世纪传统烦琐的装饰，缺乏灵感与生气。工业革命带来的机械制造优势，使人们发现了适于机器高效生产的工业产品，同时也产生了一大批为机器批量生产的专业设计家，并与原来纯粹的专业的艺术家区别开来。达 · 芬奇就曾要求艺术家不能把自己禁锢在神圣的小圈子里，远离真实的生活为艺术而艺术，而是要成为科学家和人道主义者，不是工匠。莫里斯倡导的“手工艺复兴运动”同时也影响着装帧艺术的发展。他亲自进行设计艺术工作，并印刷、装订和出版了 53 种书籍（图 1-15 至图 1-17）。

三、中国古代书籍艺术

距今五六千年的西安半坡遗址出土的原始陶器上的直接刻画符号被认为是中国最原始的文字。中国的汉字，有象形、指事和会意的造型特征，体现了人与自然的关系，早期文字的依附物为兽骨、兽皮、甲壳、铁器、陶器、青铜器、石头、植物皮叶等。甲骨文是先人将文字符号书写、契刻于龟甲和兽骨上以占卜、寻求上天启示的一种形式，也被后人称为“骨头书”。这虽不能说是人们今天意义上的书籍，但已经具有了书籍的某些基本功能，即用文字、符号、图形来记录、保存、传递智慧和思想情感，具备了供人阅读的功能，这是书籍最原始的形态，也是对书籍艺术的最初探索。人类的审美意识及审美价值观，也经由最原始自然材料的采集、打磨、刻画而逐渐产生并形成。比如，由于文字、图形符号的记载需要，人类需要对自然界中有颜色的矿物材料进行必要的选择，并磨制成粉才能刻画；甲骨上文字的排列，直行由上而下，横行则由右至左或从左到右；在甲骨上穿孔，再用绳子或皮带把它们一片一片缀编起来，这些均需要技术和一定的审美水平（图 1-18）。

这一阶段的后期，特别是春秋战国时期，出现了木简、竹简、帛书。许慎在《说文解字 · 序》中说：“著于竹帛谓之书。”木简、竹简是将文字刻在木头或竹条上，背面则刻上篇名和篇次，便于检阅和查找，类似于“扉页”；最后一根叫作“尾简”，收卷时以它为中轴自左向右卷起；收藏时把每册卷成一卷存放，然后用一种柔软的丝织品作囊袋装起来。帛质地轻软，面积大，可卷可折，易于书写和携带，由此也产生了“卷轴装”的形式。这些文字记录形态已具备了现代书籍的基本形式和结构雏形，运用到了一定的设计（装帧）手段。这一时期被称为书籍设计艺术的萌芽时期（图 1-19 和图 1-20）。

帛贵简重，将它们作为书籍材料显然不合适。造纸术、印刷术为推动世界书籍设计的发展做出了贡献，也成为促进书籍发展的重要条件。东汉蔡伦于公元 105 年发明了造纸术，使记录文字、符号、图形所依附的材料渐渐被纸张代替，图书传抄一度盛行，卷轴也成为最主要的外装形式。唐代以来，由于印刷术的兴起，手抄逐渐改为木版雕刻印刷，形式也更加丰富，先后出现了卷轴装、叶子、经折装、旋风装、蝴蝶装、包背装、线装等艺术形式。由于书籍柔软，为了防止破损，人们又用木板或纸板制成书函加以保护。书函一般从封面、封底、书口、书脊进行围合，成为“四合套”“六合套”等。自此，书籍艺术的创造者施展智慧与技能，创造了中国独特的、丰富多彩的书籍设计形态（图 1-21 至图 1-28）。

最值得一提的是“线装”形式，它是中国传统装订技术史上最为先进的形式，是“中国书”的象征。线装书是我国特有的装帧艺术形式，讲究“雅致”，具有极强的中华民族风格，至今在国际上仍享有较高的声誉，并由此产生了相应的装帧规范的审美原则，即“装订书籍，不在华美饰观，而要护帙有道，款式古雅，厚薄得宜，精致端庄，方为第一”（摘自《藏书纪要》）。当然，也可以看出，这个时期是手工艺匠人阶段，职业化的书籍（装帧）设计艺术家并未产生。

图 1-15　莫里斯

图 1-16　《乔叟著作集》　莫里斯

图 1-17　《乔叟著作集》　插图由莫里斯邀请画家耗费四年时间完成

图 1-18　河南安阳出土的商代牛骨刻辞

图 1-19　木牍

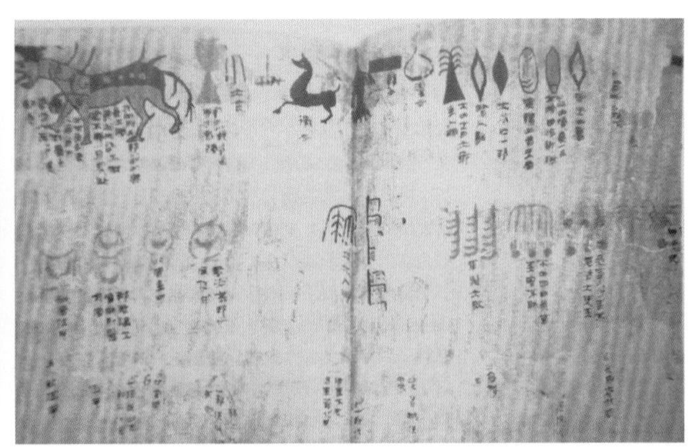

图 1-20　帛书（西汉马王堆出土）

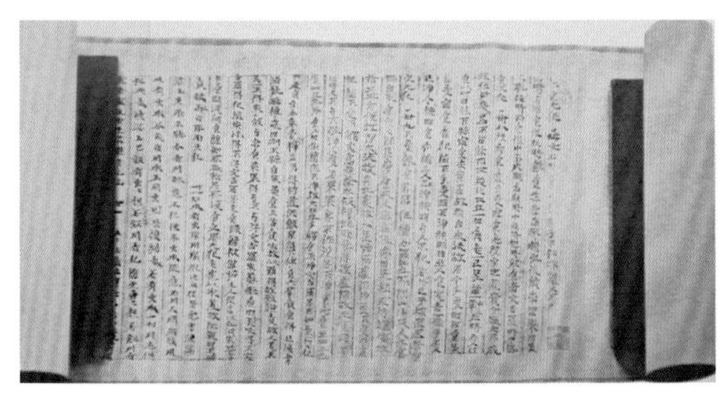

图 1-21　卷轴装

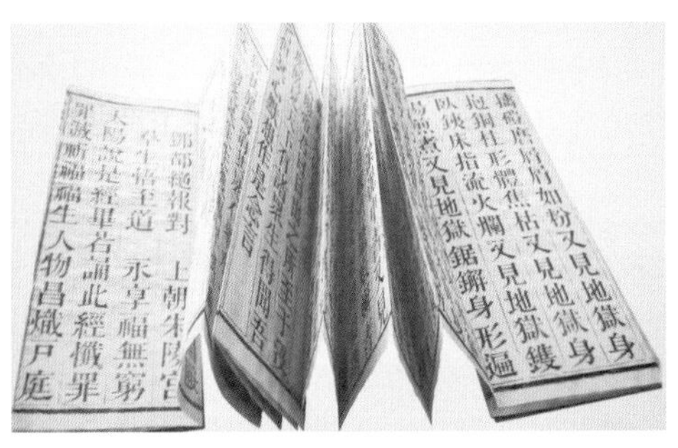

图 1-22　经折装

图 1-23　叶子

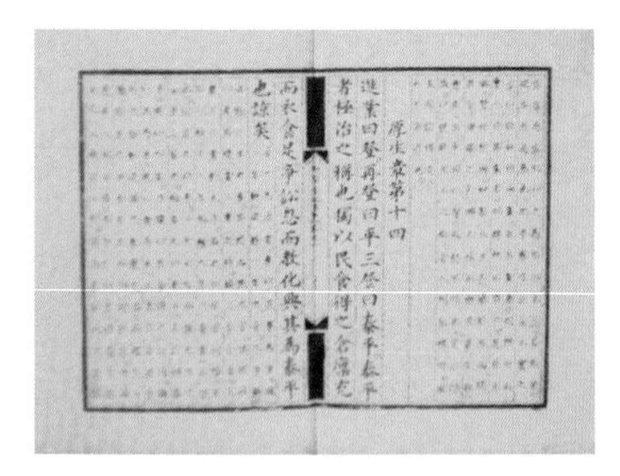

图 1-24　蝴蝶装

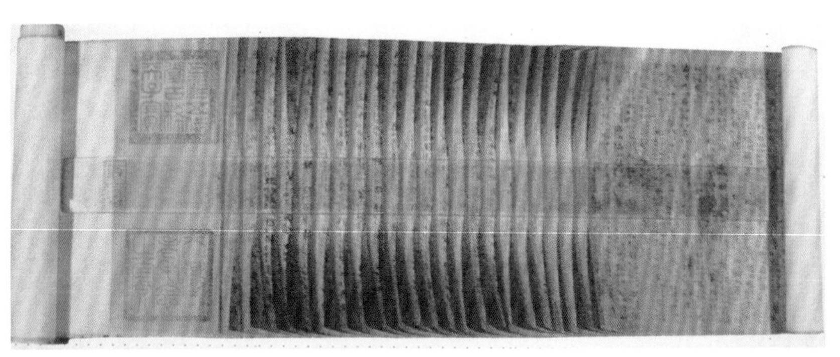

图 1-25　旋风装

图 1-26　包背装

图 1-27　木匣书函

图 1-28　线装

四、中国现代书籍艺术

在中国，现代书籍艺术是随着五四新文化运动的兴起而兴起的，西方铅印技术和印刷纸张技术促进了中国现代装帧艺术的发展。一方面，中国原有的传统装帧形式得以保留；另一方面，受西方文化影响，中国书籍装帧产生了新的装订方式和书籍形态。

鲁迅先生是现代书籍设计艺术的开拓者和倡导者，倡导“洋为中用”，认为“天地要宽、插图要精、纸质要好”。他亲手设计的《呐喊》《引玉集》等书籍，对封面、插图、书名文字、排版纸张、印装等一系列装帧问题都有细致的研究。其中《呐喊》的设计强调红白、红黑的对比，形式简洁，有力地突出了作品的内在精神气质。鲁迅先生还对书籍设计提出了一些具体的改革，如首页的书名和著者题字打破对称式，每篇第一页之前留下几行空，书口留毛边等。对于版式，主张版面要有设计概念，不要排得过满过挤，不留一点空间，强调节奏、层次和书籍版面的整体韵味。鲁迅先生还特别爱护和尊重设计者，他请人画封面，允许设计者在图案适当的位置签上自己的名字，以示负责和荣誉。陶元庆为鲁迅设计封面，就签上“元庆”。今天在书籍封面上留下设计者的名字，也是由此演变过来的。陶元庆在日本留学过，对中西方绘画颇有研究，其封面作品构图新颖，色彩明快，颇具形式美感。陶元庆为鲁迅作品《彷徨》设计了三个寂寞的人在晒太阳的画面，暗含追求光明的寓意，契合了作者想要传达的思想，深得鲁迅赞赏。另一位值得一提的是素有“钱封面”雅称的钱君匋先生。作为诗人、音乐家、篆刻家、书法家，他的作品多用抽象的图案装饰，简洁明快，色彩则因内容的不同，或和谐淡泊，或对比强烈，均具有浓厚的抒情意味。陈之佛是著名的花鸟画家，早年留学日本，其设计的书刊封面作品，构图严谨，图案精美，色彩浑厚，颇具独特魅力。

1949 年，中华人民共和国成立后，出版社设立了美编室，有了专门从事书籍设计的设计师，原中央工艺美术学院专门成立了书籍设计专业，由著名书籍设计艺术家、教育家邱陵主持，为书籍设计事业培养了大批优秀的人才，为书籍设计艺术翻开了全新的一页。

1959 年 4 月，文化部出版局和中国美术家协会联合举办了第一届全国书籍装帧艺术展览会。1976 年，国内外文化艺术交流增多，国内的学术思路得以更新，创作思想异常活跃，一大批内容扎实的经典作品得以出版，书籍设计也颇具特色。20 世纪 80 年代，先后成立了中国出版工作者协会装帧艺术研究会（后改为装帧艺术工作委员会）及中国美术家协会插图、装帧艺术委员会。1979 年举办了第二届全国书籍装帧艺术展览会，后来历届全国书籍装帧艺术展览会的举办以及相关学术交流和出版活动，对中国书籍设计行业观念的推陈出新影响颇深，有力地促进了设计观念的更新（图 1–29 至图 1–39）。

图 1–29 《呐喊》《引玉集》 鲁迅

图 1–30 《彷徨》 陶元庆

图 1-31 《红岩》 宋广顺

图 1-32 《林海雪原》 吴作人

图 1-33 《九叶集》 曹辛之

图 1-34 陈之佛设计的封面

图 1-35 《率真集》《太阳照在桑干河上》 佚名、曹辛之

图 1-36 封面设计 钱君陶

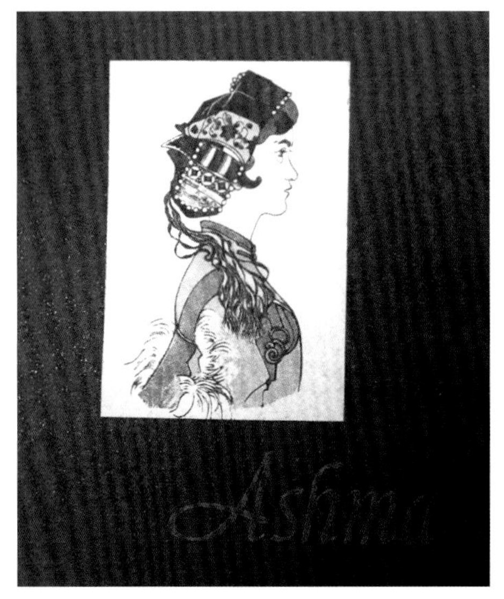

图 1-37 《阿诗玛》 黄永玉　　图 1-38 《智取威虎山》 张守义　　图 1-39 《红旗飘飘》 邱陵

五、当代计算机辅助书籍设计

欧洲工业革命使许多行业采用了机械生产，从而解放了劳动力。第二次世界大战以后，出现了计算机和自动化装置，从一定程度上解决了人类劳心的问题。同时，它也给书籍设计带来了前所未有的自由空间，不用再像以往那样在铅板上通过收盘式排字机来决定版心的宽度和高度，而是通过计算机的软、硬件，来表达设计者丰富的思维想象力。

虽然商用计算机在 1950 年就已经出现，但其被图形绘制采用则是在 1960 年。最初的计算机绘制运用是在工业制造行业中的飞机造型设计中。计算机的运用使设计者再也不用像以前那样必须面对大堆制图工具、大堆草稿纸，花去大量时间制作图纸，设计者获得了更多进行创作的宝贵时间。计算机技术和软件的不断发展和完善，为书籍艺术设计开创了一个新纪元。人们今天阅读书籍，表面上看与 40 年以前没有太大区别，这是因为阅读方式已经被固定下来，然而生产这本书籍的方式与 40 年前相比已发生了截然不同的变化。以前的版面设计几乎都是由没有受过艺术训练的排字工来完成的，严格插条控制下的版心尺寸、铅字型号、文字字体都是一成不变、牢不可破的，版心四周留白也不是随意可变的，这样的版面是静止的、僵硬的、严格的、建筑性的，同时也是稳定的，不会出现什么大的差错，而今天计算机屏幕上的版面设计跟铅字排版不一样，它是运动的、活泼的、随意的，同时也是危险的。这里所说的危险也许很难理解，以前所确定的字体、字距等本身都是可随意设定的，有些字体在一定尺寸范围内是协调的、美的，一旦放得过大或者缩得过小，笔画粗细与它们的空间结构就会有不协调之危险。另外，版面的留白也会面临同样的危险，一些留白在设计时带有冲动性，看上去增强了页面间的节奏感，可是书籍一旦印出来就可能发觉有一些夸张过火，不尽如人意，这就是人们所指的随意性带来的危险与不稳定。

运用计算机进行剪辑、排版提高了书籍艺术的普遍质量，必须接受它给人们带来的快捷与高质量。电子扫描、电子分色制版比人工照相分色制版要快捷准确，因为这里的图片复制是用数据来控制的，避免了人工对技术掌握程度的差异性。由于计算机技术的渗入，书籍设计活动的人员设置也和以前大不一样。以前由版面设计者设计出版式方案交给排字工和拼版工，这一切由多种人员组成的工作程序在今天看来也许只需要一个人在计算机屏幕前统一完成，而这个人究竟由谁来充任？由版面设计师还是打字员，或者是排字工？如果由版面设计师来完成，他们要花很多时间学打字和复杂的图片复制技术；由排字工来完成则更为困难，因为他们没有受过设计方面的训练，只习惯于在设计师指导下来进行排版工作，他们只熟悉直接手工排版，版面出现了问题则要设计师来解决。因此，在今天的计算机屏幕面前，对设计人才提出了更高的要求。新的人员，既要会打字，也要熟悉各种计算机应用软件，还要对书籍设计有深刻的理解与创造才华，这样就不需要向印刷厂交大堆方案、图纸、稿子，而是使用硬盘或网络传递，直接到印刷厂制版，印刷制订成书，这无疑给书籍艺术的发展带来了一场革命（图 1-40 至图 1-44）。

图 1-40　《中国针织服饰全集》　李宝生

图 1-41　*World Best of Brochure Design One*
Wang Xiaotian

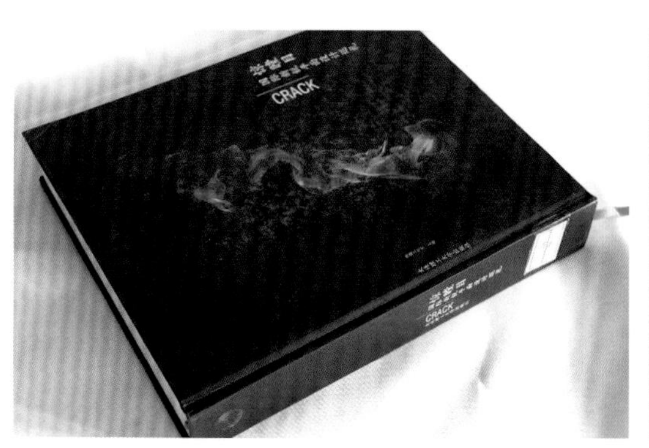

图 1-42　《惊瞠目 · 国际新锐平面设计巡礼》　王福刚

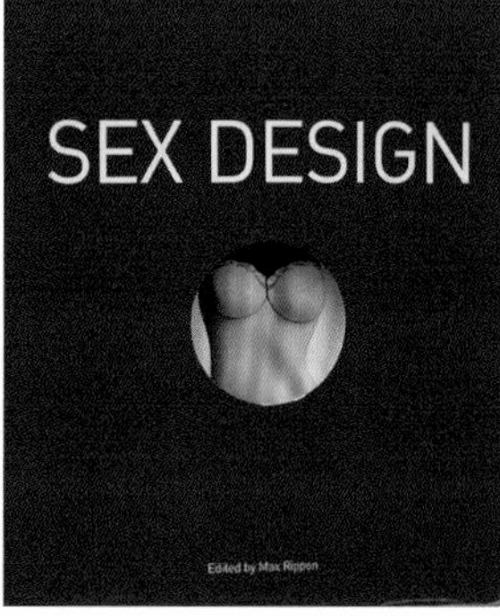

图 1-43　*Sex Design*　佚名

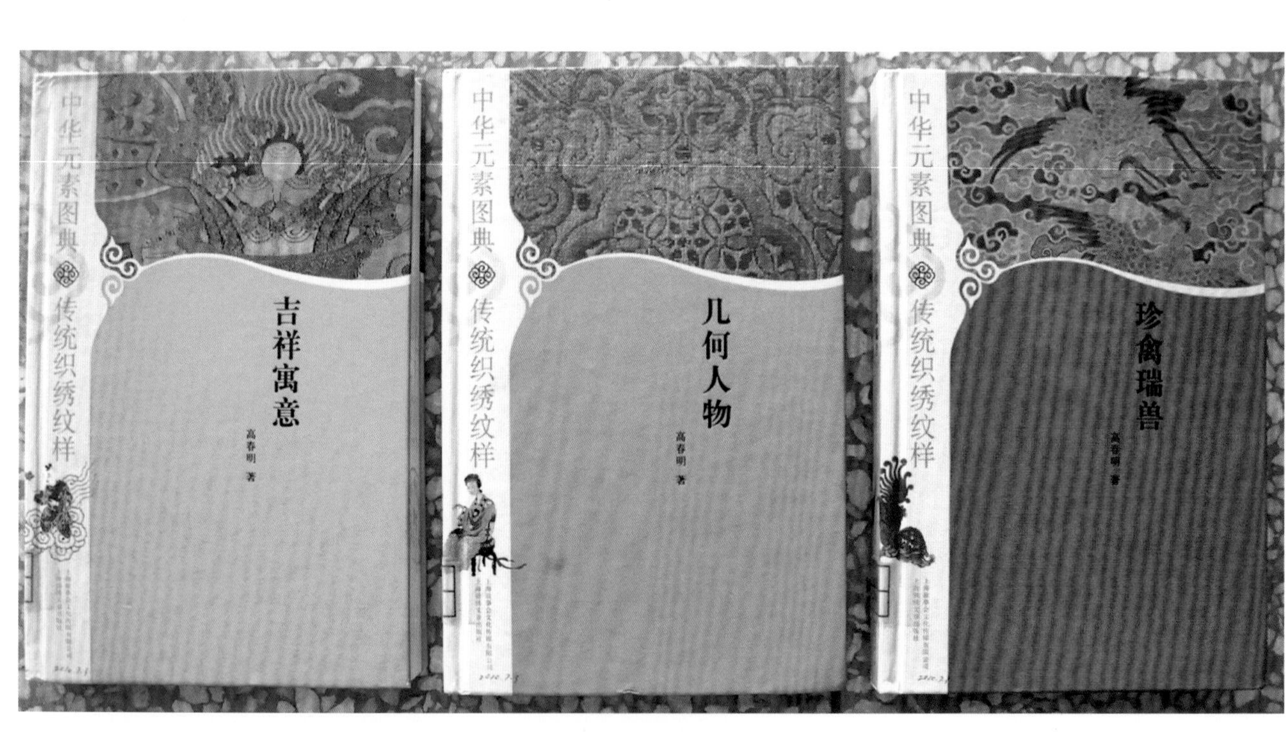

图 1-44　《中华元素图典》　袁银昌

第三节　书籍装帧设计的功能

书籍作为文化传播媒介，其实用性、艺术性、商业性越来越得到人们的认可。其实，“装帧”作为一个词语，本身就是一个艺术类的命名，既有艺术性的含义，也有功能性的含义。书籍装帧的功能表现在实用功能、艺术的审美功能和商业功能三个方面。

一、实用功能

从书籍形态的发展变化过程来看，装帧形式的不断变化与改进，都是随着社会的发展而越来越适应实际需求、利于实用的。书籍装帧的重要任务就是设计书籍的形态，承载书籍的内容，有利于读者阅读。因此，易于载录、利于阅读、利于传播、易于收藏、便于携带等均为书籍装帧实用功能的具体体现（图 1-45、图 1-46）。

二、艺术的审美功能

通过书籍形态的塑造，设计师把自己对书稿内容独到的理解与感悟转化为设计的情感，并运用富有概括性与创意性的图片、色彩、版式、文字等元素，创造出能够衬托和美化书稿内涵和氛围的装帧形式，让读者在阅读时被装帧设计烘托出的阅读氛围感染，在装帧形式的意味中陶醉，从而陶冶人们的情操，提高人们的修养，潜移默化地引起人们的思想、情感、理想、情操发生积极的变化；将道德化的情感融合在审美之中，并在审美中追求现实人格的自我完善。这就是书籍设计的艺术审美功能（图 1-47、图 1-48）。

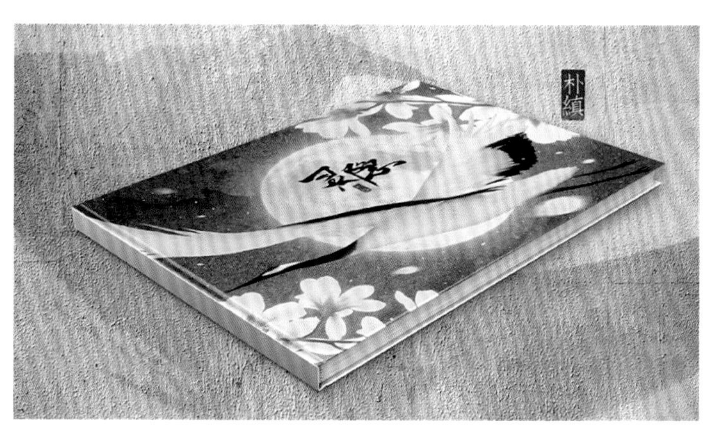

图 1-45　《灵隐》NICE 映畫　朴缜

图 1-46　《过敏源》NICE 映畫　方块阿兽

图 1-47　书籍设计　子木

图 1-48　《中国现代文学馆馆藏珍品大系 · 手稿卷》　杨林青

三、商业功能

书籍作为艺术商品，销售出去的不仅仅是书籍的内容，还包含了书籍的装帧设计。书籍装帧的商业功能是其实用功能与审美功能综合的结果。随着社会的发展，书籍装帧设计的商业功能越发凸显。为了能够吸引读者的注意并促使其购买书籍，书籍装帧设计赋予书籍整体形式的视觉美感无形中成为商品的附加值。也可以说书籍装帧设计是作为书籍的附加值使书籍更具有商业价值的，而且它不仅仅是书籍的附加值，更造就了书籍自身的价值。随着社会发展及人们欣赏水平的不断提高，人们对书籍装帧设计的要求也在不断提高，书籍装帧设计似乎成了关乎出版商经济效益至关重要的大事。出版商为了推销自己的图书，利用一切营销手段进行图书的宣传与营销，以使其能够占据各家书店最显眼的柜台，这就要求设计师在设计书籍的结构外观、材质以及书籍各部分版式等方面不断推陈出新，以便吸引更多的读者（图 1-49、图 1-50）。

第四节　书籍装帧设计的基本原则

一、形式与内容

一本完整的书籍，不但要有好的内容，还要有好的形式。在书籍装帧中，书籍的内容决定其装帧形式和表现手段，装帧设计必须反映和揭示该书的内容或属性，也就是说书籍设计一定要做到表里如一，即内容与形式的统一。这就要求设计者熟悉原著的内容，掌握原著的精神，了解作者的写作风格和读者的特点等，通过提炼书籍的精神内核，用美的形式使书籍的生命得到升华。

书籍装帧设计欣赏

书籍的形式与内容是一个完美的组合，字号、页码、开本、版心、纸张等任何一项改变，都会使书籍的设计风格发生改变。设计师只有在书稿的基础上，依靠良好的造型艺术素养以及对材料的细腻感受和对印刷技术的精湛掌握，才能营造出与书籍内容相应的阅读环境（图 1-51 至图 1-53）。

二、整体与局部

书籍设计主要包括对书籍起宣传和保护作用的外部设计——函套、护封、封面等的设计；对书籍核心的内部设计——环衬、扉页、正文、插图、版权页等的设计；对书籍整体形态及材料的设计——开本、精装、平装、纸张、印刷、装订等工艺的设计等。为了使书籍的风格整体协调，设计师应统筹考虑，使书籍各部分之间互相配合，成为一个完整的统一体，同时各局部应有各自适当的位置，做到主次有序，与整体形成协调的关系。例如，要做到色彩与造型的协调、表现形式与使用材料的协调等（图 1-54 至图 1-57）。

图 1-49　《守望三峡》（一）

图 1-50　《守望三峡》（二）

图 1-51 《乃正书 昌耀诗》封面 宋协伟

图 1-52 《乃正书 昌耀诗》内页 宋协伟

图 1-53 《乃正书 昌耀诗》书脊 宋协伟

图 1-54 《透过，AGI-To Kyo To》封面 Hesign（德国）

图 1-55 《透过，AGI-To Kyo To》内页 Hesign（德国）

图 1-56 《透过，AGI-To Kyo To》书脊 Hesign（德国）

图 1-57 《透过，AGI-To Kyo To》内页 Hesign（德国）

三、艺术与技术

书籍设计通过艺术形象设计的形式来反映书籍的内容。在科学技术发达的今天，书籍设计必须依靠科学技术来实现。无论是设计思维、创作手段，还是各种材料和印刷工艺，都要求充分体现其技术性。因此，在书籍装帧设计中必须考虑生产工艺的可行性，如制版的精度、印刷的色差、套版的准确度、装帧材料的特性等。特别是对纸张材料的选择，同时还要考虑材料和制作的成本，在印张的设计上应尽量使页码和印张数相吻合，以节约为本。因此，设计师不仅要具备深厚的艺术素养，同时还要精通印刷工艺和材料性能（图 1-58 至图 1-60）。

四、装饰与新颖

书籍设计不仅要通过图形、文字、色彩、形态来揭示书籍的内容，帮助读者理解书籍的内容，同时还要不断地吸取现代工艺和现代科技手段，使读者接受设计者的理念。书籍设计只有新颖、独特，才能具有艺术的生命力；只有具有鲜明特征、民族风格，才能满足读者多方面的审美要求。在书籍设计中要使读者对书籍产生阅读兴趣，在视觉上就得采用超常规的思维、凝练的色彩与图形、新颖的文字编排、特殊的材料等手段，给读者以强烈的视觉冲击力。好的书籍设计凝聚了设计师充满个性的创造性思维（图 1-61 至图 1-63）。

图 1-58　《上海大都市规划》　站酷

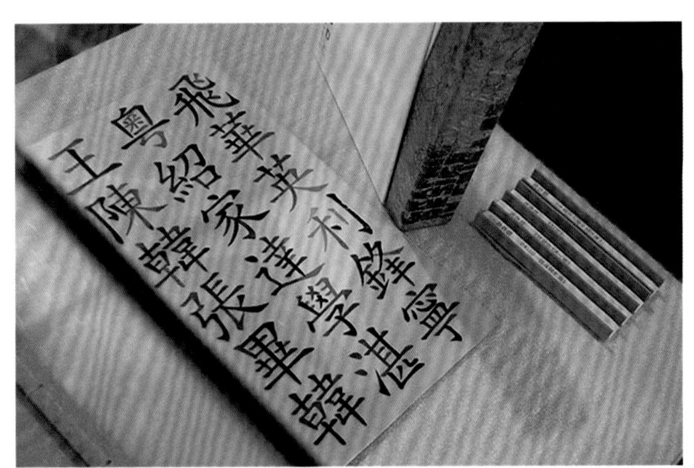

图 1-59　杉浦康平（日本）设计

图 1-60　国外优秀创意书籍设计

图 1-61　《花椿》　仲条正义（日本）

图 1-62 《裘沙新诠详注文化编至论》 韩济平

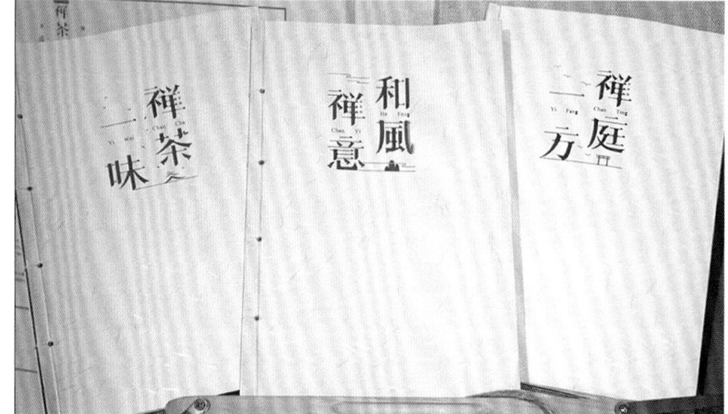

图 1-63 《和风禅意》 站酷

思/考/与/实/训

1. 什么是书籍设计？
2. 书籍的功能表现在哪些方面？
3. 书籍设计的基本原则是什么？

CHAPTER 2

第2章 书籍视觉形象设计

学习目标

了解视觉构成元素的特点及关系，分析不同性质的书籍设计方法；进一步学习一些常用材料在书籍装帧设计中的运用方法及表现方法；掌握视觉形象要素及材料等在实际设计中产生的效果，以便更好地表现书籍的内涵。

第一节　书籍设计视觉要素

书籍设计最重要的功能就是以恰当的形式来表现书籍原稿的内容和精神内涵。书籍原稿的内容和精神内涵是书籍视觉设计的灵魂，优秀的设计师可以充分调动各种视觉要素展现书籍的和谐形态和精神内涵；经验不足的设计人员则常常顾此失彼，形神背离，或过分关注局部的美而忽略了书籍的整体美感。

书籍各视觉要素交相呼应，构成了书籍形态的整体之美。这些要素包括文字、图形、色彩、肌理、版面、结构等。设计师只有明确书籍设计各视觉要素的内容和相互之间的关系，并能灵活把握使之为整体服务，才能使书籍整体的美得到充分体现。

一、文字

在书籍设计中，文字是构成书籍最基本的要素之一，是读者了解书籍内容的钥匙。文字由于承载了内容，使读者在阅读时产生联想而产生独特的魅力。不同的字体、标点、数字是书页中最小的构成要素。字体的大小、风格、组合形式等都会影响书籍的面貌。而且，文字还是带有情感的视觉符号，不同的字体具有不同的独立品格。字体的大小、粗细等变化在书籍装帧设计中给人以不同的视觉感受和较为直接的视觉诉求力，传达着不同的情感，诱导读者在阅读中产生不同的情感反应。因此，要认真考虑文字的大小、风格、组合形式等，字体、字号、组合方式一旦选定，应贯穿整本书的始终，而不应随意变化，以免造成花、乱、杂等无序状况，影响信息的有效传播。

1. 字体

当为正式出版物选择字体时，会出现许多因素影响设计者的决定，如图书内容、读者群、出版时间、多语言版本、印刷实际操作以及预期成本等。字体的可识别性是设计师进行字体选择时应首先考虑的问题，如封面的书名，体现书籍的内容和气质特征。严肃、大气的书名可采用魏碑字体，表现文化内涵的书名可用楷体或粗宋体，而诗集等文艺类的书名多用与之气质相符的纤细秀丽的字体。书的正文一般采用宋体，因其匀称方正、典雅清新，适于长篇排列，读者阅读起来感到优雅、温馨。细圆体及等线体等较均衡纤细的字体也偶尔被用在正文上。因此，选择字体已经成为书籍设计者将对书籍内容的理解转化为直观形式的方法之一，是设计者思想情感的载体。在设计中和谐而整体地运用不同字体造型，可以营造出良好的视觉节奏感，有助于读者更好地阅读。同时在设计中，相同的字体或不同的字体组成行与段落，处于画面中不同的空间位置，与其他视觉元素之间产生大小不同的空间张力，不同的位置组合就会自然触及人们的多种视觉联想。而如果字体之间缺乏协调性，在某种程度上会产生视觉的混乱与无序，从而形成阅读障碍。

2．字号

字号的选择应与读者群特点、材料质地、图书内容、版式编排等内容相适应。书籍中通常会按篇、章、节等顺序来区分标题字的层次，按不同等级的标题字来选择适宜的字号。不同的字号之间的排列与对比，也将影响读者的阅读视线。大多数图书的页面通常都选用不止一种字号，设计师常常利用字号来区分印刷内容的层次。以一级标题字为标准，如果它是三号字，那么二级标题字应设为小三号，三级标题字设为四号，以此类推。每个部分、每级标题选择字号都应使章与章、节与节、上级标题与下级标题之间的层级关系简洁明了，结构清晰，一目了然。

3．编排

为了阅读流畅，文本常被设计成从左到右、从上到下的线性排列形式。除非设计上有特殊的排列要求，左对齐、右对齐、居中对齐是文字最常出现的排列方式。在一般情况下，字距要小于行距，行距太小，页面显得透不过气，容易给人以压迫感；行距太大，则松松散散，看上去缺乏整体感。现代主义建构网格的方法也为设计师提供了文字段落和图形摆放的精确位置。网格的使用赋予图书以连贯性，使整体看上去更和谐一致，有助于读者更好地关注图书本身的内容而不仅仅是形式。

二、图形

在书籍设计中，图形是最有吸引力的设计元素，图对人的视觉感官具有主动刺激的作用。当图形和文字处于同一页面时，人们往往会先注意图形。因此，书籍设计能否打动人心，图形是至关重要的。在现代设计领域里，图形设计主要以视觉形象承载信息来进行文化沟通，它是一种运用形象向观众传达信息的过程。在这里，图形泛指书籍封面以及页面上的图片、图表、元素形状等。在今天，书籍设计者的工作已经不仅仅停留在对页面的编排和图像的数字化处理上，设计者还需将作者提供的信息以最恰当的方式传递给读者。要想更好地传播、接收和保留信息，设计者必须使作者和读者拥有共同的语言和相似的文化背景。

1．图表

对于熟悉图表的读者，采用对比方式的数据有助于其对内容的理解。然而对于不熟悉图表的读者，设计者提出的所谓清晰明确的统计表格则很有可能把其难住。如何利用图表的方式与读者进行沟通，是设计者值得思考的问题（图 2-1）。

2．插图

插图是对文字的视觉形象阐释。插图设计不同于一般性的绘画和摄影图片，它受指定信息传达内容与目的的约束，利用造型艺术语言将原著提供的信息转化成视觉形象，体现原著的审美理想，具有比文字和标志更强烈、直观的视觉传达效果。插图不仅有说明、补充的作用，而且由于其在表现手法、工具、造型和色彩诸多方面比较引人注目，而发挥着视觉中心的信息传达作用（图 2-2）。

图 2-1　日本地铁图表对复杂的行车线路和地名用色彩区分的形式进行编码

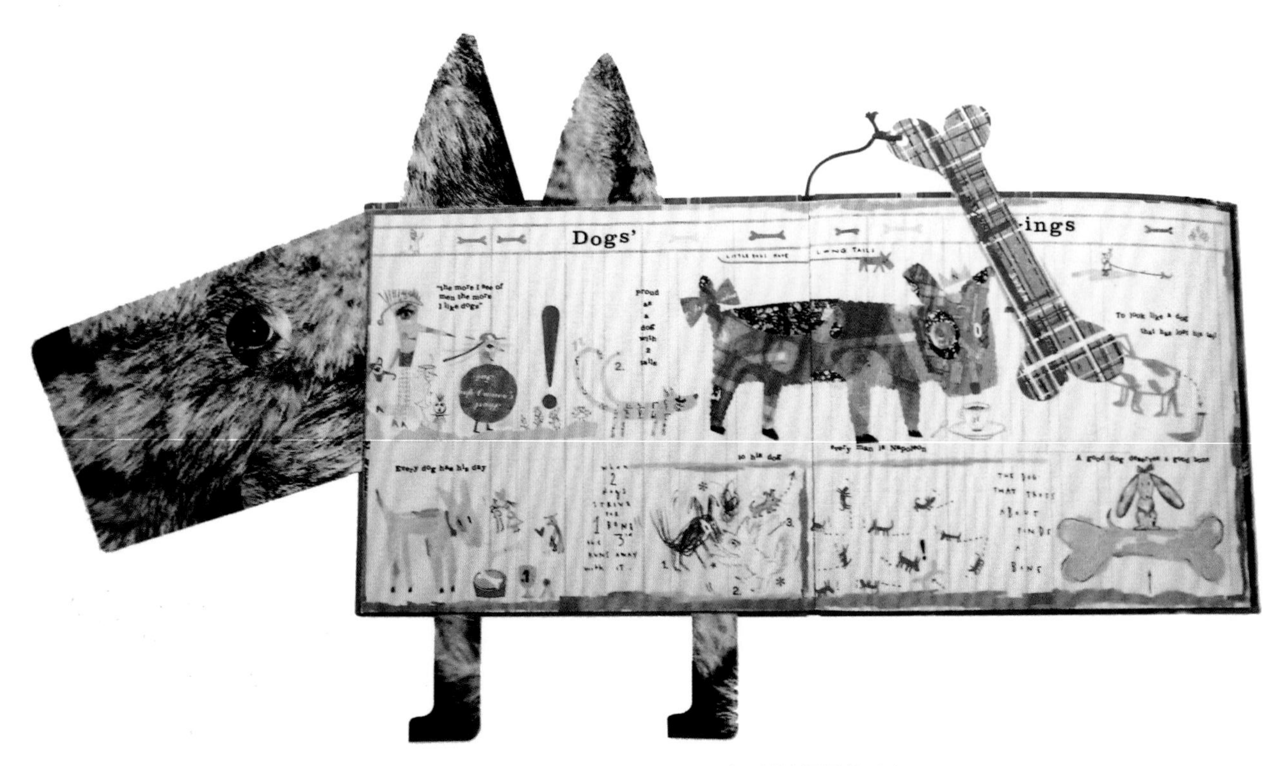

图 2-2　《一条狗的一生》插图　用绘画拼接摄影的手法

3．摄影图片

摄影专题常依赖于高质量的印刷来展现摄影的艺术效果。尤其是杂志的封面和广告册页通常都以大幅的摄影图片为主角（图 2-3）。摄影图片在封面上的运用，能给读者带来真实、生动的感受，很容易拉近作者与读者的距离。现代书籍设计越来越多地将摄影图片作为设计素材，配合软件加以处理，能达到理想的设计效果。值得注意的是，使用摄影图片要尊重其原创性，如运用第三方的图片，需得到授权，避免带来版权纠纷。

图 2-3　《银花》　运用高质量的摄影图片和斜排的文字组成富有典型日本式审美特征的杂志封面

三、色彩

色彩是书籍设计中最引人注目的艺术语言，它与构图、造型及其他表现语言相比较，更具有视觉冲击力和抽象性的特征，是美化书籍、表现书籍内容的重要元素，能表现书籍诱人的魅力。作为设计师，不仅要系统地掌握色彩基本理论知识，还应研究书籍装帧设计的色彩特性，了解地域和文化背景的差异，熟悉人们的色彩习惯和爱好，以满足千变万化的消费市场。

四、肌理

肌理所引申的含义不是让人们凭直觉去感受和简单

地运用，而是要求人们对其原有属性、功能和价值加以深层次的认识和把握，使肌理不仅能在视觉上，还能在观念上为现代书籍设计艺术提供可能性。肌理所表现出的强烈的个性色彩可诱导读者产生不同的心理反应。

在成本许可的条件下，纸，尤其是特种纸，具有极强的表现力。纸的特征，如纹理、色质、克重、印刷效果，对设计所产生的影响是令人惊叹的。在书籍材料的设计中，纸张和印刷工艺都应该作为思考的要素。纸张本身的特性有助于更充分地表现设计意图。运用不同的纸张或不同材料的组合、配置，给读者带来独特的视觉体验与强烈的触觉体验，能使书籍的知识性和艺术性的信息传递量得到增值。

五、版面

版面设计是书籍设计特别是书芯部分设计的核心部分，是读者视觉接触时间最长的部分。读者与书籍之间的关系是建立在版面基础上的。阅读通过版面来实现，其设计的优劣直接影响读者的心理状态。好的书籍版面设计体现在阅读的流畅和趣味愉悦性，通过版面空间点、线、面的组织安排和黑、白、灰的巧妙经营，不仅能给人以美感，而且能表现书籍的品位和特有的文化意蕴以及时代气息（图 2-4）。

第二节　书籍设计色彩的特点与应用

On the Road to Variable
图书版面设计欣赏

色彩是书籍设计的主要艺术语言之一，设计师经常利用它来表达思想、传递情感，色彩是最容易打动读者的书籍设计语言。由于书籍设计的印前色彩运用直接牵涉后期的工艺和印刷成本，所以有经验的设计师懂得惜色如金、以少胜多的道理。从书籍的内容和精神内涵出发，色彩设计应做到精练、概括和具有象征性。与此同时，还要考虑在同一个消费市场中，同类书籍在货架上出现的色彩对比关系，争取在第一时间用色彩抓住消费者的眼球。

书籍设计用色要十分谨慎考究，通过色彩的运用和视觉刺激，透射到读者心里，使其产生联想或心理暗示。单纯、明确的色彩有较强的符号性，适合套书和丛书的设计，它能有效地统一总体特征，突出整体面貌；

图 2-4　《卡尔布鲁克专科艺术学院》没有采用网格，而采用流线型字体排列，强调了艺术学院的浪漫和在新趋势下的领导地位

强烈的色彩对比会刺激人的感官，引起某种情绪和心理的变化；柔和微妙的色彩则含蓄内向，耐人寻味。通过色与色之间的合理配置，以及色与色之间相互关系的安排，可达到色彩的和谐。

一、书籍设计色彩应用的原理

人的眼睛可以根据光的不同波长分辨出事物的颜色，即光色；同时，事物通过吸收或反射某种波长会形成自身的颜色，即固有色。

1. 色彩的属性

色彩具有三种重要属性，即色相、明度、纯度。

（1）色相。色相是指色彩的相貌，用于区别不同色彩的名称，分出其间的感觉差异，就像每个人具有独立的相貌，以作区别。

（2）明度。明度是指色彩的明暗程度，每种色彩会因光线的强弱而产生颜色深浅的差别，如红色因光线反射的强弱而呈现出深红至浅红的差别。无彩色中白色明度最高，黑色最低；有彩色中，黄色明度最高，蓝色最低。

（3）纯度。纯度是指色彩的鲜艳程度。三原色纯度最高，混色量越少，纯度越高；混色量越多，纯度越低。

2. 混色原理

（1）减法混色（CMYK）。减法混色是指颜料和颜料的混合。书籍装帧中的色彩是通过印刷中对油墨进行减色调和而形成的。CMYK 是指青、洋红、柠檬黄、黑。理论上完全混合红、黄和蓝三色会变成黑色，但因为油墨中含有杂质，印刷时并不能显现全黑，因此需增加黑色油墨以变成四色。

（2）加法混色（RGB）。加法混色是指色光与色光进行混色而产生其他颜色的原理和方法。红、绿、蓝是不能再分解的原色。二色光混合而产生的色光是另一色光的补色。色光混合后色彩的明度会增加（图 2-5）。

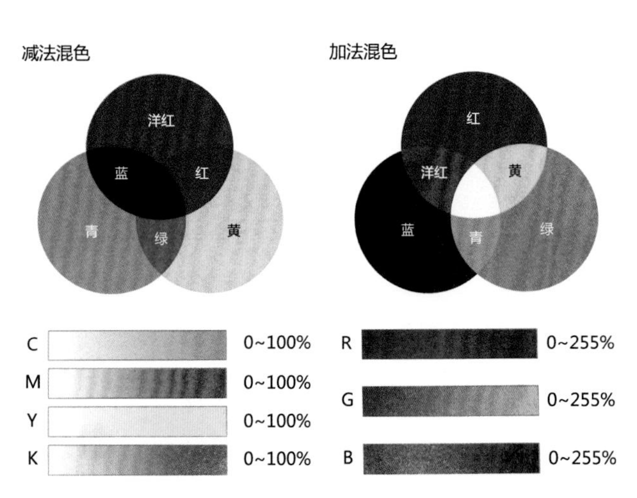

图 2-5　加法混色、减法混色原理

二、色彩的心理暗示

人类对色彩的心理暗示是一种客观而又复杂的现象。由于色彩效果很直接地刺激着人们的视觉，这引起了人们心理上的影响。肌肉的力量和血液循环，也会因不同色光照射和色彩反射而呈现不同的反应（图 2-6）。

1. 色彩的视知觉规律

色彩的进退与涨缩感：对比强、明快、高纯度的色彩及暖色代表前进，反之代表后退。

色彩的冷暖感：红、橙、黄代表太阳，蓝、青、紫代表大海，无色系中的黑代表冷，白代表暖。

色彩的华丽与朴素：红、黄等暖色给人以华丽感，青、蓝等冷色及浑浊的色彩给人以朴素感。

色彩的轻重感：高明度、高纯度的色彩给人以轻柔的感觉，低明度、低纯度的色彩则给人以厚重的感觉。

色彩	色彩抽象联想
红	兴奋、热烈、激情、喜庆、高贵、紧张、奋进
橙	愉快、激情、活跃、热情、精神、活泼、甜美
黄	光明、希望、愉悦、阳光、明朗、动感、欢快
绿	舒适、和平、新鲜、青春、希望、安宁、温和
蓝	清爽、开朗、理智、沉静、深远、伤感、寂静
紫	高贵、神秘、豪华、思念、悲哀、温柔、女性
白	洁净、明朗、清晰、透明、纯真、虚无、简洁
灰	沉着、平易、暧昧、内向、消极、失望、抑郁
黑	深沉、庄重、成熟、稳定、坚定、压抑、悲感

色彩	表示意义	运用效果
红	自由、血、火、胜利	刺激、兴奋、强烈煽动效果
橙	阳光、火、美食	活泼、愉快、有朝气
黄	阳光、黄金、收获	华丽、富丽堂皇
绿	和平、春天、青年	友善、舒适
蓝	天空、海洋、信念	冷静、智慧、开阔
紫	忏悔、女性	神秘感、女性化
白	贞洁、光明	纯洁、清爽
灰	质朴、阴天	普通、平易
黑	夜、高雅、死亡	气魄、高贵、男性化

图 2-6　色彩的心理暗示

2．色彩的联想与色彩心理暗示

人们看到色彩会有共同的色彩联想，也会依据差异的色彩体验产生差异化的情感因素。所以，书籍设计师巧妙利用色彩可以对读者起到某种心理暗示的作用，从而产生意想不到的效果。例如，红色能使人联想到火焰和革命等激情似火的东西，而当情感注入时，它也能使人想到恐怖、邪恶、流血；蓝色可以让人们想到水的冰凉，同时它也有邪恶、阴森的一面；最为典型的是白色，一方面它和形态各异的各种色彩加在一起之后得到统一，但另一方面它本身又缺乏色彩，既具有天真无邪般的纯洁性，又具有生命已逝般的虚无性。不同类别书籍的色彩搭配必须根据不同书籍的内容做到有的放矢。一般来说，设计幼儿刊物的色彩，要针对幼儿娇嫩、单纯、天真、可爱且对色彩辨识度不高的特点，把色调处理成明度高、对比较强烈的感觉；女性书刊的色调可以根据女性的特征，选择温柔、妩媚、典雅的色彩；体育杂志的色彩则应强调刺激、对比，追求色彩的冲击力；而艺术类杂志的色彩就要求具有丰富的内涵，要有深度，切忌轻浮、媚俗；科普书刊的色彩可以强调神秘感；时装杂志的色彩要新潮，富有个性；专业性学术杂志的色彩要端庄、严肃、高雅，体现权威感，不宜强调高纯度的色相对比。只有设计用色与设计内容协调统一，才能使书籍的信息正确迅速地传递，使消费者即使不依靠图像、文字，只看色彩也能知道是哪类书籍（图 2-7 至图 2-10）。

三、书籍设计色彩语言与表现

1．注目性

色彩在书籍设计中应用的重要功能就是传递书籍内容信息。书籍封面设计是在有限的面积与空间中去做文章，又因为购买者是在短时间内感受与理解设计对象，这就决定了书籍封面设计色彩的视觉传递信息要强，必须引起注意，激起视觉的兴奋，给消费者留下深刻的第一印象。因此，书籍设计中用色要简洁。从书籍的内容出发，色彩设计应做到精练、概括和具有象征性（图 2-11）。

图 2-7　儿童卡片书　色彩饱和度高，图形简洁，符合儿童的生理特点

图 2-8　艺术类书籍色彩搭配　摄影图片配合紫色书脊和不规则色块，给人以神秘而有韵味的观感

图 2-9　工具书类　红、黑、白色彩搭配醒目而不失严谨

图 2-10　大红主色调与黄色搭配　显得富丽堂皇，富有浓重的装饰美

图 2-11　*Flair*　书籍整体使用红色，巧妙运用黑、白、金来调和大面积红色带来的视觉冲击，色彩强烈

2．经济性

从经济利益的角度来看，用色控制可以降低成本，保护商家和消费者的利益。因此，在设计方案中适当地考虑经济因素，使用单色或专色印刷配合特种纸材不但能产生别具一格的视觉效果，还能在很大程度上节约开支，这也渐渐成为部分艺术类书籍的设计趋势（图 2-12）。

3．审美性

漂亮的色彩搭配往往是书籍第一时间吸引读者眼球的武器。设计师通过不同的色彩来表达不同的主题信息，色彩这一视觉要素的作用和功能，是其他要素不可替代的。

4．主题性

书籍设计的色彩应用根本法则是内容决定形式，形式为内容服务。因此，它除了受到书籍内容的制约外，还受到立意、构图、形象等形式因素的制约。同时封面设计的色彩是在特定的条件下，要求设计者在一个固定空间里做颜色的选择，因此，设计者首先要了解销售市场同类书籍的设计特点，在进行市场调研的基础上，加上对书籍内容的理解才能确定设计的定位和色彩选择方案，否则设计将是盲目的。

5．个性

有“个性”的书籍封面设计具有竞争力，它是同类书籍竞争的重要手段，也是书籍销售的策略。设计者由于生活经验和长期从事专业设计的原因，设计每一类书籍往往都有一种习惯，容易出现雷同。因此，要使书籍封面的用色出奇制胜，就要跳出同类书籍的框架模式，用多种色彩表现相同的功能。

6．超前性

设计者要随时掌握现代市场的信息，研究读者的审美心理，密切注意国度、地区不断变化的流行色，及时发现契机，使设计色彩诱导读者消费，体现潮流、超时代的意识。

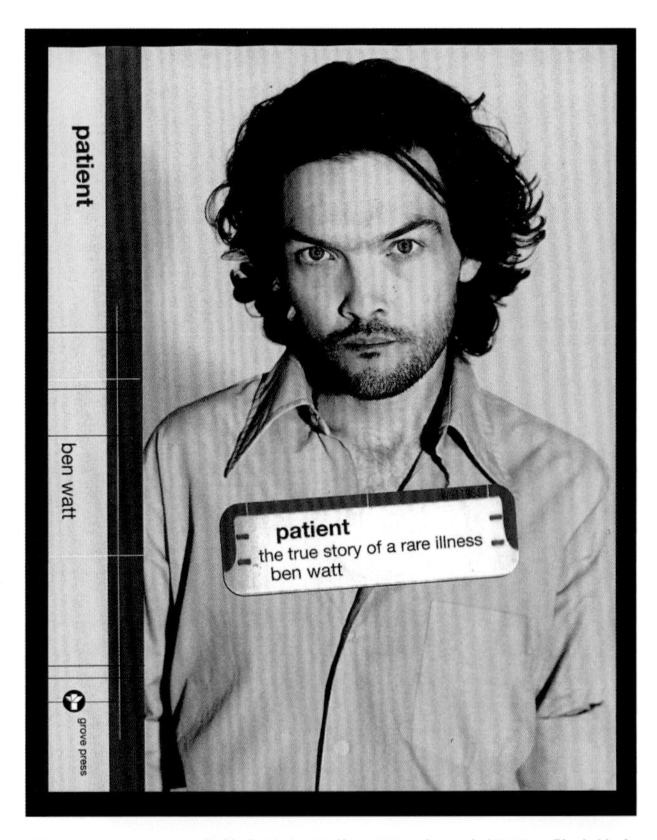

图 2-12　*Patient*　书籍色彩仅用黄、黑两色，有提醒、警戒的含义，风格独特，可做专色印刷，成本相对较低

第三节 书籍设计材质的选择与应用

yu-kai hung 书籍装帧设计作品欣赏

书籍自诞生之日起便与材质紧密联系在一起。现代书籍设计的美在很大程度上来源于多元化材料在装帧、印刷上的应用。用于书籍装帧的材料不仅有纸材，还有塑料、金属、木材、织物、皮革等。各种材料的质感、色彩、肌理能表现不同的个性和特点。材质之美的本质是一种亲近之美，是与人们周边生活朝夕相处的亲近感，由纸张装订而成的书籍既有纯艺术的鉴赏之美，也有阅读使用过程中享受到的视、触、听、嗅、味五感交融之美。

一、质感

质感既不指形态也不指色彩，它是需要特殊感觉的造型因素。物体表面的粗糙感或光滑感均属于质感，它必须通过视觉、触觉来感知。质感可分为两大类：一类是可用手触摸到的触觉质感，另一类是可通过视觉感受的视觉质感。

1．触觉质感

触觉质感是最直接的，只要触摸它，盲人也能感觉出来，但被拍成照片后，由于丢失了细节，便失去了触摸认知的直接性。

现代书籍设计中，为了让人感知到纸张等材料其表面的触觉乐趣，常使用种类繁多、质感不同的特种纸材料，如压纹纸、瓦楞纸、硫酸纸等，令人目不暇接。胶版纸、铜版纸及其他特种纸等表面存在着明显的触摸质感差异，因而其艺术表现力也是各不相同的。

2．视觉质感

通过视觉，如摄影图片或绘画等手法想象物体的表面组织被称为视觉质感。借助高质量的影像技术，可以把自然生活中存在的各种质感和肌理，如条纹、花色底纹等用图像的形式表现在二维平面上。这也是现代书籍装帧设计中常用的方法。

图 2-13 所示书籍在设计时木板的肌理效果处理得别具一格。在构思这一书籍的形态时，“朱熹”两字遒劲洒脱，既保持了原稿的古韵，又创造了一种令人耳目一新的形态。封面的设计则以中国书法的基本笔画点、撇、捺作基本图形，既将书籍的上、中、下三册统一成一个系列，又极具个性。函套的设计则将文字反雕在桐树质地的木板上，仿宋代印刷的木雕版。函套以皮带串联，如意木扣合，构成了造型别致的书籍形态。

二、书籍装帧设计与材质特性

1．材质的情感联想性

石头、木头、树皮等材质总会使人联想起一些古朴的东西，产生一种朴实、自然、典雅的感觉。将这样的材质运用到书籍设计中，会使书籍或多或少地带上情感倾向。如玻璃、钢铁、塑料等材质强烈体现出现代气息；毛皮的柔软、温暖带有女性气息；布给人以朴实、温馨、怀旧、亲和的感觉。正确地理解材质、利用材质，往往能为设计锦上添花。

运用材质进行书籍设计是为了表达一定的创意，更好地塑造书籍的内容，突出书籍的气质特点。材质的相互配合也会产生对比、和谐、运动、统一等效果。一本好的书籍有时也需要好的材质来渲染，以诱使人去想象和体味（图 2-14 至图 2-16）。

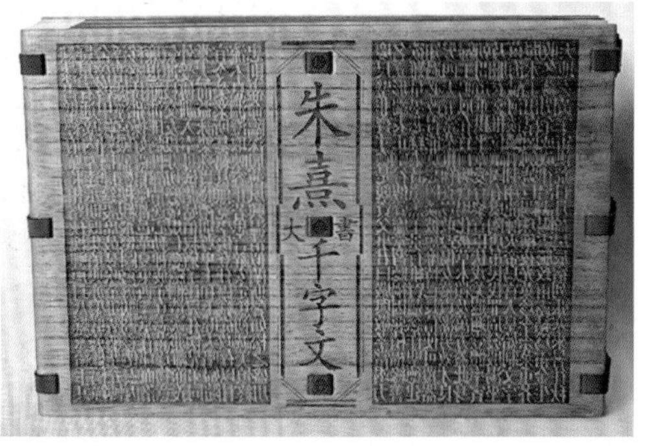

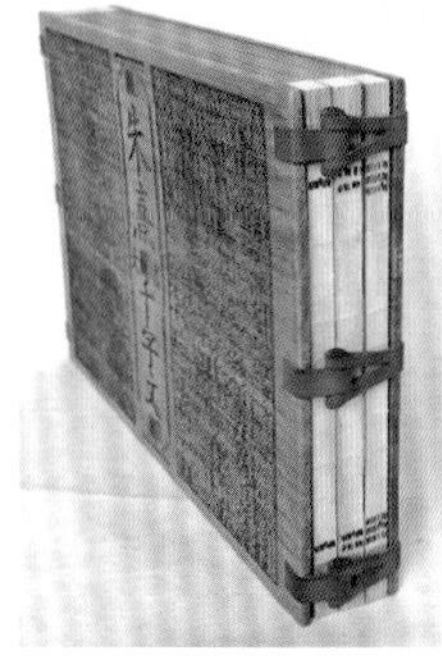

图 2-13 《朱熹榜书千字文》 吕敬人

图 2-14 《吴为山写意雕塑》 设计者选用了类似树皮的材料作为书籍封面材料，沧桑感、厚重感十足

图 2-15 《为你疯狂》 情书题材，封面用柔软的、带着大印花的织物包裹，给人温暖和易亲近的心理暗示；部分撕裂的设计体现了疯狂的实质

图 2-16 书籍护封采用半透明亚克力压印文字。朦胧、梦幻是该书材质带来的美感

2．材质的光学效应

材质的视觉设计是以光的存在为前提的。人们对材料的认识大都依靠不同角度的光线。每一种材质的物理性质和光学效应是不同的。光是造就各种材质美的先决条件，光不仅使材质呈现不同的光泽，而且由于材料本身所具有的特性及透光性的不同，也使肌理表现得更加明显。设计师可以巧妙借用材质不同的光学效应，进行材质的选择和多元化设计（图 2-17）。

3．材质的触觉肌理

一个愉悦的阅读过程，是随着书页的翻动和时间的变换推移的。真实可触的亲近感也是传统书籍不可为电子读物所替代的重要原因。

人对材料的感知来源于纹路、温度、湿度、软硬程度、振动等，这些形成了人们对材质多元化的认知。从生理上分析，人类皮肤对外界的刺激相当敏感，像皮肤、毛发移动这样细微的压力、温度、位移变化等，都会使人们感受到外界信息的存在。这一特点决定了设计师在考虑书籍外观的同时，更应考虑人在接触书籍时的特殊感觉。图书内容的准确定位，除了要确立所要传达的感觉印象之外，还要把握好内容与材料质地之间的关系，选择恰当的材质，充分利用材质的美感，营造舒适的阅读环境，让读者从视觉、听觉、嗅觉、味觉、触觉上一同感受到材质带来的不同体会，进而触及读者的心灵，引起读者的共鸣，更好地传递书籍的内容及情感（图 2-18、图 2-19）。

图 2-17 书籍封面采用箱板纸压印文字，“2007”用特种镭射油墨印刷。光线下，两种材质对比强烈，又和谐共生，整个封面优雅、低调、品位脱俗

图 2-18 特殊材料在装帧设计中的视觉效果

图 2-19 特殊纸材的书装效果

三、书籍设计材料的设计与表现

1. 常规材料的设计与表现

目前现代书籍设计的主体材料——印纸原料主要以植物纤维制成。纸张具有可压缩性、可折叠性及便于加工和易成型的特点，同时成本低，携带阅读最为简便。了解印纸的组成及特点，便于把握其印后所产生的效果，从而较好地利用纸材。纸材品类繁多，不作一一叙述，这里就常用的纸材进行说明。

（1）铜版纸。铜版纸是平面设计师在印刷设计中应用最多的纸张之一，又称为印刷涂料纸，是在原纸的基础上涂一层白色浆料，经压光制成。其表面平滑、色泽洁白，对油墨有较强的吸收性和接收性，适合表现颜色鲜艳且层次细腻的印刷效果。它一般用于企业画册、宣传画、商品样本等。内页一般用 105 ~ 157 g 的双面铜版纸，封面一般用 200 ~ 300 g 的双面铜版纸。

（2）哑粉纸。哑粉纸是以书纸或芦苇草作基底，在其表面或两面加上一层黏土或矿物性粉末，经滚筒加压而成，表面极其平滑且有光泽。而质量较好的哑粉纸是没有光泽的，所以叫作“哑”光粉纸或称“哑”粉，适合于精细的图片印刷。

（3）新闻纸。顾名思义，新闻纸就是用于报纸印刷的纸。纸质松软脆弱，对油墨吸收能力较强，色泽微黄或淡灰，印迹清晰饱满，适宜高速印刷，是一种廉价的纸张，但不宜久放。

（4）书纸。书纸又称道林纸，道林是美国一家纸厂的厂名。书纸纸质较新闻纸优良，色白且不透明，适合半色调的网版印刷。它一般用于低成本的书籍、画册等印刷。

（5）充书纸。充书纸是一种介于新闻纸和书纸之间的印刷纸张。它的表面平滑，像书纸，纸质却似新闻纸，是把新闻纸经过热压筒，使原来粗糙的表面变得平滑加工而成。这在印刷的品质上有极大的改善，一般售价大众化的刊物多采用这种纸张。

（6）PVC 材质。PVC 材质一般有光滑和磨砂两类，亦被广泛运用。取其色彩通透、硬朗简洁、隔水防磨损等优势，应用于书皮的包装和内页的间隔页。制作上以丝印的方式印上文字或图案，具有硬朗、分明、柔滑的触感，非常适合现代感、简约型或高科技类别的书籍设计。

2. 特种材料的设计与表现

科学技术水平的进步为现代书籍设计的选材提供了广阔的领域。除了纸以外，金属、竹、木、布、胶、塑料等都可成为书籍的材料，结合相应的技术，应用到书籍设计中，丰富书籍的表现形式。就纸而言，还出现了许多特种纸，其纹理、花样、厚度、颜色各不相同，并有各自的特点。根据书籍性质、内容的不同采用不同的纸材，可以形成独特的效果，提高书籍的附加值。较常见的特种纸品牌有刚古等，价格较为昂贵，多用于精装书。还有一些民间手工纸，纸质自然，纸面还有稻草或树叶等纹样，因散发着原生态的气息而受到人们的喜爱（图 2-20）。

（1）硫酸纸。硫酸纸是把植物纤维抄制的厚纸用硫酸处理后，使其改变原有性质的一种变性加工纸。它呈半透明状，纸页的气孔少，纸质坚韧、紧密，而且可以对其进行上蜡、涂布、压花或起皱等工艺加工。

由于硫酸纸是半透明的纸张，在现代设计中，它往往用作书籍的环衬或衬纸，这样既可以更好地突出和烘托主题，又符合现代潮流。硫酸纸有时也用作书籍或画册的扉页。在硫酸纸上印金、印银或印刷图文，别具一格，一般用于高档画册。

（2）压纹纸。利用机械使纸或纸板的表面压花或皱褶，形成凹凸图案的装饰效果，便是压纹纸。压花可以分为套版压花和不套版压花两种。所谓套版压花，就是按印花的花形，把印成的花形压成凹凸形，使花纹鼓起来，可起到装饰的作用。不套版压花，就是压成的花纹与印花的花形没有直接关系，这种压花花纹种类很多，如布纹、斜布纹、直条纹、雅莲网、橘子皮纹、直网

图 2-20　特种纸材

纹、针网纹、蛋皮纹、麻袋纹、格子纹、皮革纹、头皮纹、麻布纹、齿轮条纹等。这种不套版压花广泛用于压花印刷纸、涂布书皮纸、漆皮纸、塑料合成纸、植物羊皮纸以及其他装饰材料。

（3）花纹纸。花纹纸手感柔软，外观华美，成品更富高贵气质，令人赏心悦目。花纹纸品种较多，各具特色，较普通纸档次高。

思/考/与/实/训

进行书籍设计市场调研，调查市面上书籍装帧的构成元素、书籍的开本、书籍设计中色彩的特性、书籍设计的材料以及发展趋势。收集各种不同书籍的形态，分析异同，从而进一步了解书籍的结构特点。

要求：进行市场调研，并做出总结汇报。

第3章 书籍整体设计

CHAPTER 3

学习目标

了解书籍的开本与形态知识，熟悉书籍的外部结构设计和零页设计，能够合理运用书籍设计的图形处理技巧，熟悉书籍设计的创意表现与步骤。

第一节　书籍的开本与形态

一、开本

开本设计是进行书籍设计的第一步，是指书籍开数幅面形态的设计。简单地说，开本就是一本书幅面的大小，它是以整张纸裁开的张数表明书的幅面大小。一整张印刷用纸开切成幅面相等的若干张，这个张数为开本数。开本的绝对值越大，开本实际尺寸越小。如 16 开本即为全张纸开切成 16 张等大的开本，以此类推。我国通常将 789 mm×1 092 mm（正度）、850 mm×1 168 mm（大度）两种规格的纸作为标准规格用纸，进口特种纸的尺寸为 700 mm×1 000 mm 等。850 mm×1 168 mm 幅面纸的常用开本规格为：大 16 开是 210 mm×285 mm；大 32 开是 140 mm×203 mm。不同开本书籍成品净尺寸见表 3-1。

表3-1　不同开本书籍成品净尺寸

开本	尺寸	开本	尺寸
16开本	187 mm×260 mm	方20开本	185 mm×207 mm
32开本	130 mm×184 mm	长20开本	149 mm×260 mm
12开本	245 mm×250 mm	横24开本	185 mm×175 mm
18开本	175 mm×254 mm	长24开本	124 mm×260 mm

以上几种幅面的纸张是目前国内常用的纸张规格，全张纸的幅面规格还有 880 mm×1 230 mm、690 mm×960 mm、787 mm×960 mm 等。全张纸规格变动，开本的尺寸也会随之变动，多种规格丰富了书籍的开本形式，更适应了各种书籍的不同需求。书籍设计要根据书籍的不同性质、类型、篇幅容量、读者对象来选择适当的开本。不同的开本会产生不同的审美情趣，不少书籍因为开本选择得当，使形态上的创新与该书的内容相得益彰，使读者赏心悦目。学生课上练习完全可以不考虑开本大小，可根据创意需要自行确定（图 3-1 至图 3-3）。

图 3-1　《篆刻大字典》　国风

图 3-2　《白》　原研哉

图 3-3　《昆曲》　丁龙松

二、形态

要想迅速抓住读者的视线，书籍造型须具有个性特征。书籍形态设计就是要打破原有的书籍六面体的常见形态，赋予书籍新的形态和审美情趣。书籍的形态可以表现内涵与神韵，可以瞬间吸引读者眼球，进而使读者对书籍产生阅读兴趣。

中国书籍从甲骨文、石鼓文、竹木的“简册”以及帛书、卷轴书到以纸张为载体的“线装书”“盒装书”，再到如今六面体的形态，可以说造型各异的形态展现着独特的魅力。对书籍新形态的设计的尝试和探讨，既要从中国传统的书籍文化中汲取营养，又要融入其他商品包装设计的理念，在充分体现书籍内涵的前提下，追求独具个性特征的新形态。比如，表现剪纸艺术的书籍将一些立体剪纸成品作为插页，很具体地呈现在读者面前，使人在翻阅的瞬间产生兴趣和良好的印象。还有一些儿童书籍和休闲读物，它们在书籍的造型上大胆尝试，不规则的异形形态会让人有新鲜感，产生阅读的欲望。

1. 形态与开本

开本直接决定着书籍的外观形态。开本大的书籍给人大方、气派的感觉；开本小的书籍给人小巧、可爱、轻便的感觉。异形的开本也时常出现在现代书籍设计中，如三角形、斜边形、圆形等，极具个性化（图 3-4 至图 3-7）。

图 3-4　《中国民间剪纸艺术》　丁慧

图 3-5 《历史是个什么玩意儿》 宫丽

图 3-6 《共产党宣言》 佚名

图 3-7 《中国戏剧》 佚名

2．形态与空间

书籍是一个立体的空间，是设计师构建思想和情感的空间。不同的形态产生不同的面和空间，不同的面和空间又会产生不同的光和影，从而产生新的视觉形态。书籍在读者手中由于不断被翻阅产生空间的变化，而读者在这种流动中体会、感受着书的魅力，享受着精神的愉悦（图 3-8 至图 3-12）。

3．形态与结构

书籍设计是系统工程，其形态与内在结构构成一个整体。书是以文字、图片、图表、符号等构成的，如何将这些视觉符号运用得当，是许多书籍设计师多年来研究和探讨的。设计师需要将以前千篇一律的版面编排设计得富有节奏，将原本枯燥、冰冷的书籍设计变得富有情感和趣味。总体来看，书店里有意蕴、有情趣的书籍

图 3-8 《剪纸艺术》 袁媛

图 3-9 《雕塑鉴赏》 袁立

图 3-10 《彼岸花》 黄丽

图 3-11 《浮世浮城》 李晨

图 3-12 《莲云漫步》 李斌

还是不多，书籍设计普遍还存在重视信息量、轻视趣味性，重视内容、轻视整体设计，重视商业卖点、轻视文化意韵的现象。设计师在完成传达内容目的的同时，要将细节与整体设计、书籍形态与设计元素的表达、感性的萌发和理性的思考相结合，使其具备可视性、可读性和整体性（图 3-13 至图 3-15）。

4．形态与材质

纸质是现代书籍的主要构成材料，纸的软硬、厚薄也决定了书籍的形态，坚硬的木质材料、富有弹性的皮革材质、透明的有机玻璃以及柔软的宣纸，还有表面或粗糙或细腻的各类装饰纸都能使人的视觉和触觉产生丰富的体验。著名书籍设计家吕敬人提倡书籍五感（即指人的视觉、触觉、听觉、嗅觉、味觉）的设计意识，要求书籍在读者的手里是有视觉感受的，也能使读者得到触觉、听觉和嗅觉的满足。对于具有收藏价值的经典名著名作或作为礼品赠送的书籍，应该选用高档材料，进行独特设计，给这类书籍在形态和装帧上创建新的面貌，以显示其在读者心目中的尊贵地位，也使收藏者认为物有所值。

现代书籍形态的创造必须解决两个观念性前提：首先，书籍形态的塑造，是出版者、编辑、设计家、印刷装订者共同完成的系统工程；其次，书籍形态是包含“造型”和“神态”的双重构造，前者是书的物性构造，主要以美观、方便、实用的意义构成书籍直观的静止之美；后者是书的理性构造，它以丰富易懂的信息，科学合理的构成，独特的创意，有条理的层次，互补的图文，创造潜意识的启示和各类要素的充分利用，构成了书籍内容活性化的流动之美。造型和神态的完美结合，则共同创造出了形神兼备、具有生命力和保存价值的书籍（图 3-16 至图 3-22）。

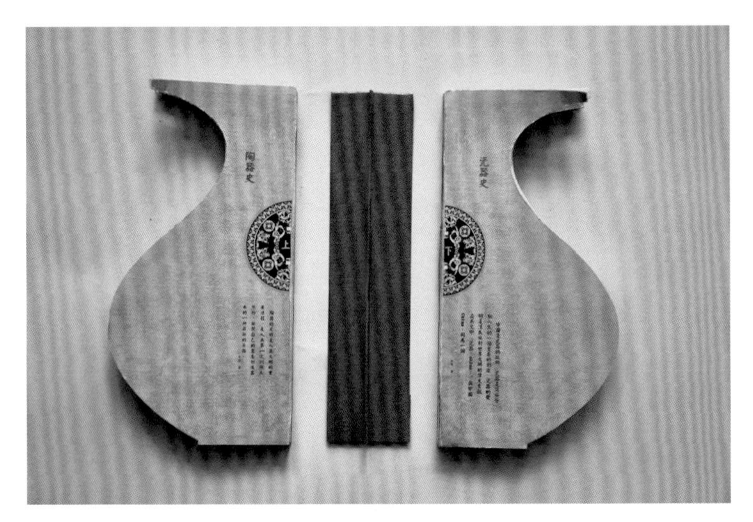

图 3-13　《陶器史》　胡骏华

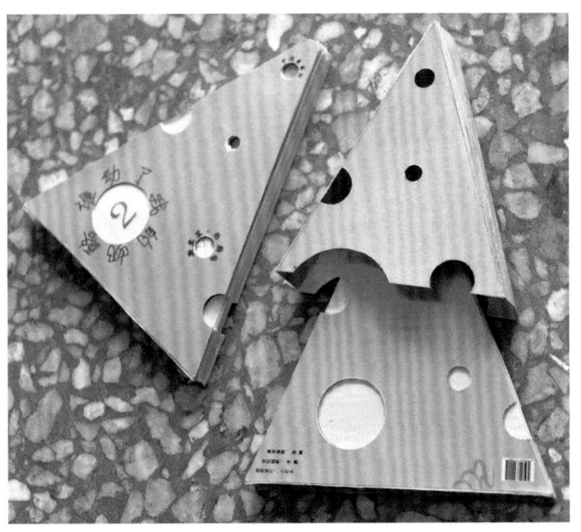

图 3-14　《谁动了我的奶酪》　周薪

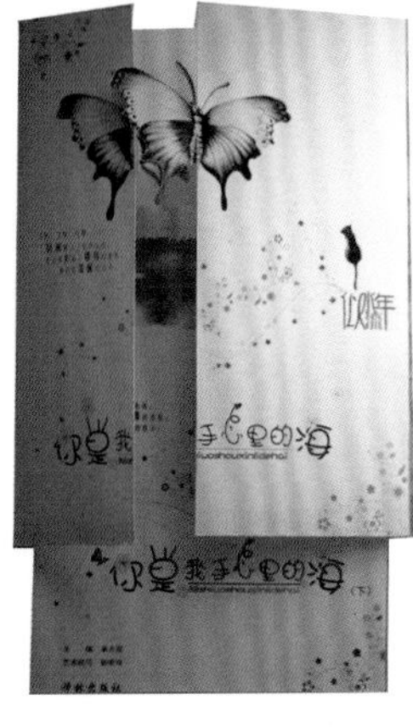

图 3-15　《似水流年》　蒋敏

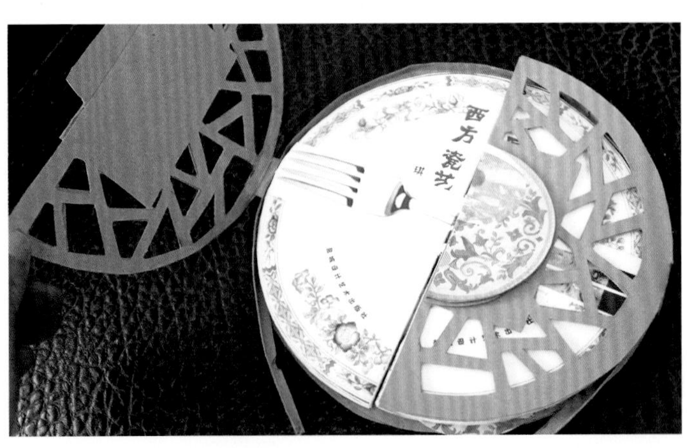

图 3-16　《西方瓷艺》　曹青

图 3-17 《广东话》 陈珊

图 3-18 《无边：写给母亲的书》 韩旭

图 3-19 《生活小百科》 谭伟怡

图 3-20 《活字印刷》 李凯

图 3-21 《A 面 B 面》 张静

图 3-22 《八零集》 吕欣童

第二节 书籍外部结构设计

书籍函套设计欣赏

书籍的外部结构包括封面、封底、书脊、护封、腰封、函套等，这些部分运用结构、图形、色彩等艺术手段为书籍营造了一个与内容相匹配的外部空间，能够直观反映书籍的内容性质、风格品位等，使读者在第一时间与书籍进行信息交流，以满足读者想象、审美等多方面的要求（图 3-23）。

构思新颖、创意独特的书籍外观设计是吸引读者注意力和提升书籍美誉度的关键因素。图 3-24 所示的书籍在外观设计上突破了传统的设计方案，独具匠心，并与一定的材料相结合，开拓了一种新的书籍设计形式。

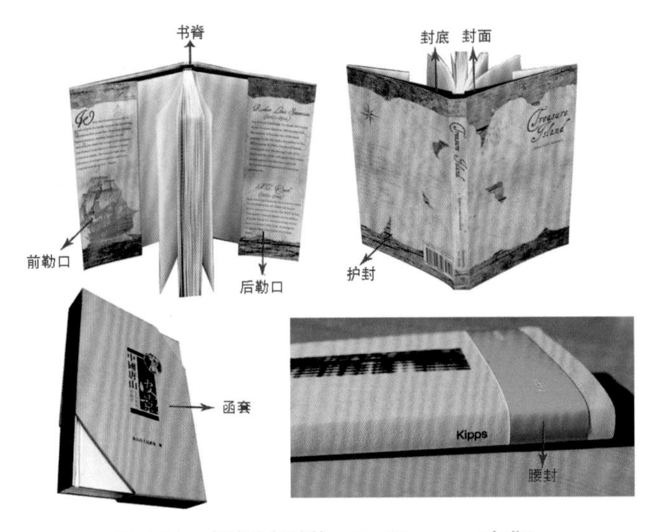

图 3-23 书籍外部结构 Jon Hannan（南非）

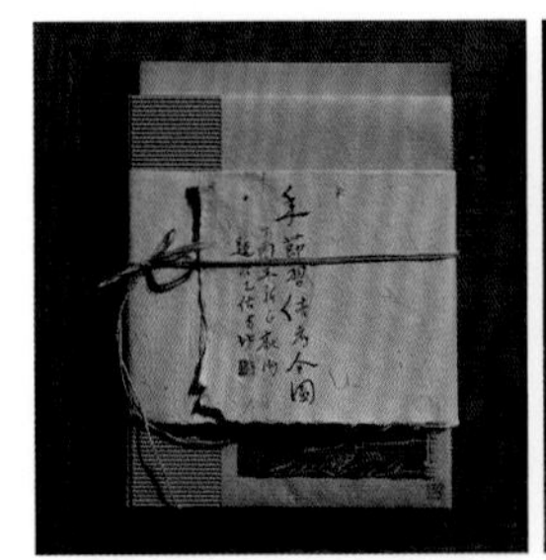

图 3-24 书籍外观设计

一、封底和书脊设计

1. 封底设计

封底，又称底封。相对于封面的信息，封底上的内容显得次要一些，字号比封面小一些，但要与封面、书脊的设计风格相协调。书籍在封底的右下方印统一书号和定价，如果是期刊，那么在封底印版权页，或用来印目录及其他非正文部分的文字、图片。封底通常放置系列丛书名、责任编辑姓名、装帧设计者姓名以及相关的图形。一般来说，封底应尽可能设计得简洁，以陪衬封面的主体地位，将读者的注意力引至封面，而不可喧宾夺主。封底是书籍整体设计中的重要环节，同时也是很容易被忽视的部分。

封底的设计应注意以下几点：

（1）与封面的统一性和延续性。封面与封底是一个整体，优秀的封底设计可以延伸美感。它们共同承担着表现书籍整体美的任务，所以，封底的画面效果要与封面达到统一和谐，它们的图形、文字、编排不一定是完全相同的，但应有联系，做到封底与封面相互呼应。

（2）处理好与封面的主次关系，充分发挥封底的作用。从某种意义上来说，封底是一本书结束的标记，它与封面有着各自不同的功能。封面是先声夺人的，有时也是张扬的，它需要尽情地展示自己；而封底不在于炫耀，而是隐匿在书籍整体美之中，它发挥的是其潜在的美。所以，设计时应把握封面、封底的这些关系，画面的轻、重、缓、急都应仔细斟酌，在统一中寻找对比，并要保证在整体下体现封底独立的展示效果。此外，还要充分利用封底版幅来宣传图书及出版社（图 3-25、图 3-26）。

2. 书脊设计

书脊是连接封面和封底的平面空间。这一空间的重要性在于：放在书架上的书籍封面和封底都被其他书籍遮挡，大多数时间让读者看到的只是书脊的部分，书籍和读者进行视觉交流传递信息的任务就要依靠书脊，其设计的成败关系到书脊是否可根据自身形象语言和读者进行具有指向性的对话。因此，设计师应充分利用这一狭窄的空间传达有效的信息，通过文字符号与图形符号的精心创意，以期达到实用性与审美性的完美统一。书脊又称“书背”“背脊”“封脊”。书脊分为方脊和圆脊。方脊线条清晰，现代感强；圆脊厚重、严实，经典感强（图 3-27 至图 3-29）。

书脊上所放置的基本内容有书名、作者姓名、出版社名等，在书脊空间比较大的情况下，可加入有趣味的创意。书脊设计新颖、独特，能很好地表达书籍的中心主题。在书脊的设计过程中，可将书名尽可能地放大，提高书脊的视觉冲击力和艺术表现力，以新的视角让读者认知书籍。

在进行书脊设计的时候，书脊的底色最好和封面、封底的底色一致，这是因为我国造纸厂生产同样规格、克重的纸张，由于生产时间和批次不同，纸张的厚薄程度是不一样的，因此，在以同样克重的纸张为依据进行书脊厚度的计算时，会造成不同批次印刷用纸的厚度差距，给装订过程带来不必要的麻烦。如果书脊的底色和封面、封底一致，差距不大的书脊厚度会掩盖这种计算上的不足（图 3-30、图 3-31）。

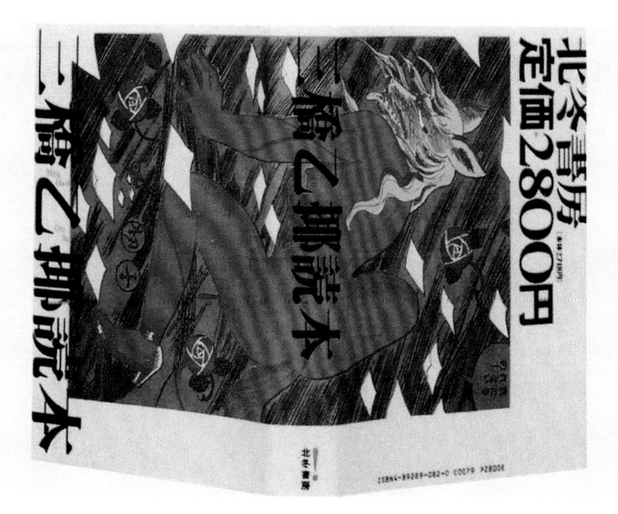

图 3-25　书籍设计　日本东京都目黑区出版社

图 3-26　封面设计　于靖

图 3-27　学生作品　李蕾

图 3-28　书脊设计　新华书店

图 3-29　《图说汉字》　子木

图 3-30　《中国民间美术全集》　吕敬人

图 3-31　《熊十力全集》　吕敬人

二、护封和腰封设计

1. 护封设计

护封也称护页或外包封，主要功能是保护书籍封面，因而它的开型空间比封面要大一些。护封总的组织结构和封面结构相一致，主要是由封面、封底、书脊和前后勒口构成，多的勒口是包裹在硬封面上的。设计中也通常将其作为一个整体，以展开的形式进行构思与设计，通过文字、图形、色彩等元素的穿插运用，起到广告及保护封面的作用（图 3-32、图 3-33）。

因为护封是套在封面之外起保护作用的，故护封的材料多选择柔韧度较强的纸张，有的还在表面使用覆膜工艺以加强耐磨程度。在设计上护封的视觉冲击力应更为强劲，字体更加清晰、醒目，色彩更加亮丽。护封封底主要放条码与定价，其设计应与护封的整体创意相协调。

一些艺术类书籍的护封会采用一些特殊效果，但要和封面的设计风格相协调。如使用复杂的折叠法，这样的护封在内容上就会简洁一些；使用镂空效果，这样的护封设计会使封面的内容显得丰富，这些新颖别致的设计仿佛是书籍特有的语言，彰显艺术特色的同时又能很好地向读者诠释书籍独特的风格品位。

护封的设计跟封面设计一样，也要考虑读者的喜好，如针对青少年和儿童书籍的护封要色彩明快、活泼有趣，政治类书籍的护封要严肃庄重，科学类书籍的护封则要体现科技感。

图 3-32　封面设计　何东琳工作室

图 3-33　封面设计　余一梅

护封设计应注意以下几点：

（1）多卷集书籍注意统一性和系列性。

（2）涵盖书名、作者、出版社等基本信息。

（3）个性鲜明，风格突出，便于查找内封。

2．腰封设计

腰封是护封的衍生品，高 3 ～ 5 cm，是包裹在书籍封面外部的带状物，长度仅到书籍的腰部，也称为“半护封”“封腰”。腰封可增加书籍的美感与主题的诉求，补充封面表现的不足。此外，还可以进一步加强对书籍的保护作用。腰封的使用要依据书籍的风格而定，否则会画蛇添足、适得其反。

腰封承载的内容可以是作者介绍、书籍的内容简介、内容推介、条形码与出版社名等。它的设计主要以封面的字体和画面构图不破坏护封主体效果为原则。在设计时腰封既要和封面的风格协调，又要在视觉上和封面有所区别。两者要相得益彰，切不可互相冲突，如封面内容丰富，腰封就要简洁一些；如封面内容简洁，则腰封要丰富一些。两者在材质的选择上也要互相协调（图 3-34、图 3-35）。

三、书籍的函套设计

函套是书籍外面的一种装帧。当书籍的内容很多，一本书无法容纳时，就将书籍分卷、分册。虽然书籍被分为多册，但内容是连续的，因此设计上就不能像单本书籍一样独立，而需要在设计形式、装帧、材料上达到统一，于是就有了书籍的函套设计。这类书一般以精装为主，具有一定的收藏价值。

函套的主要作用是保护书籍，起到防尘、避光、防潮、防蛀的作用。因此，在函套的材质选用上就非常讲究，多根据书籍内容、风格选用不同的材质。一般的函套多采用硬纸板材质，此外，也有使用其他特殊材质的，如木质、金属、布绸等。不同材质所表现出的质感也会对书籍设计的效果产生不同的影响。

图 3-34　腰封设计　站酷

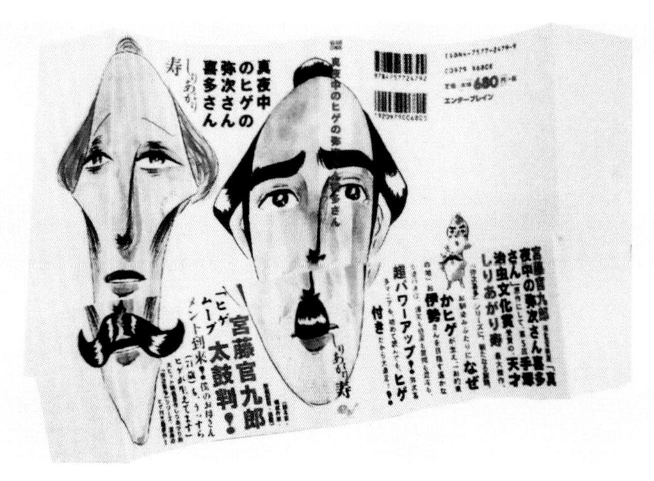

图 3-35　腰封设计　祖父江慎（日本）

在设计时不应单独考虑函套本身，应该把函套和书籍视为一个完整的艺术对象来考虑。典籍类书籍的函套设计要古朴、庄重，体现博大精深的文化内涵以及深邃的思想性。艺术类书籍的函套设计要精致、典雅，根据书籍的内容设计相应的图形和文字，色彩要和书籍封面相协调，稳重、雅致，要有较高的艺术品位，适宜收藏（图 3-36、图 3-37）。

四、书籍的切口设计

书籍的切口包括上切口（书首）、外切口（书口）和下切口（书根）三个组成部分。简单来说，即书籍未翻阅状态下除封面、封底和书脊外的其他三个面。书籍切口在书籍的六个面中占有三个面，可以看出其在书籍整体设计中所占有的潜在地位。以前由于印刷技术和成本的制约，书籍切口一直不为设计师所注意和重视。现在，随着印刷技术的不断进步和创新以及书籍整体设计理念的不断推广，书籍切口设计必将为设计师所重视并引起读者的注意，书籍设计也必将走进一个新的时代。

书籍的“造型”与“神态”是书籍整体设计中各元素的综合体现。其中，书籍的切口设计在现代书籍设计中应引起设计师的关注。通过书籍切口的精心设计，书籍不再以单纯的切口展现在读者面前，而是赋予其特殊的色彩、形态及图案，使书籍设计的完整性有了更好的体现。一本好的书籍设计作品，不仅能使读者在翻开之前，从封面和书脊获得对书的初步认识，而且能使读者在翻阅过程中，随着书页的翻动，在书籍切口上获得流动性的信息导向，这时的书籍将具有 360° 的视角美感（图 3-38、图 3-39）。

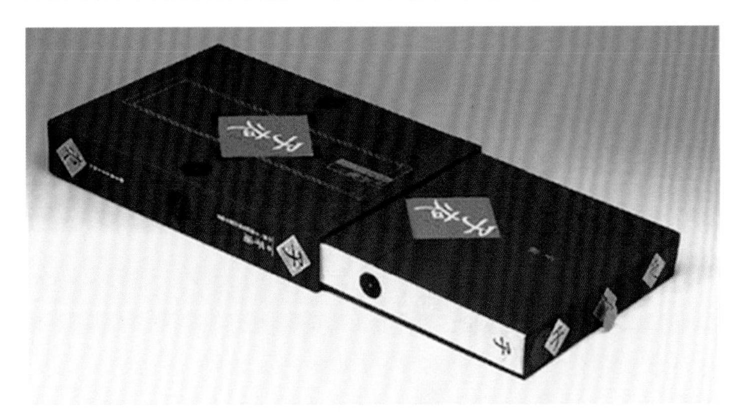

图 3-36　函套设计　吕敬人

图 3-37　*MY WORLD MY ORIGINALITY*
中国设计之窗

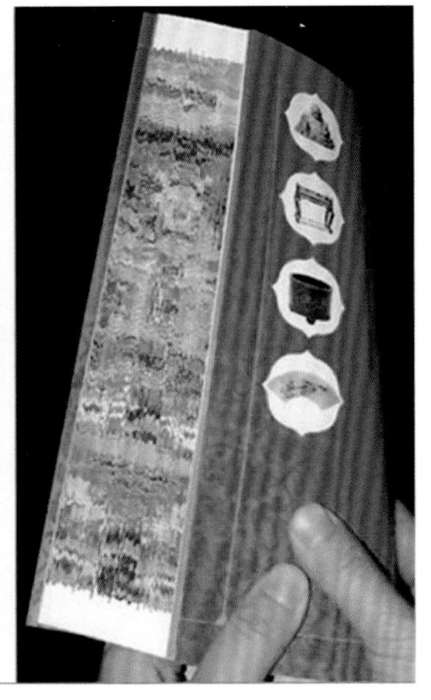

图 3-38　子木设计作品

图 3-39　吕敬人设计作品

有的书籍在切口上烫金被称为“金边书”。金边书大多为词典。有的书籍采用自然撕裂的切口，淳朴、自然。有的书籍切口以完整的图画形式出现，切口的艺术设计是工艺技术的一个极好体现：经过精确的计算，将图像按页数做均匀的分割并且按每一贴纸张厚度的切口数值补差，加上准确印刷、折页、装订、切割成书后，在切口上才能呈现所需要的画面。例如，吕敬人设计的《梅兰芳全传》的书籍切口别有一番韵味，通过图文并茂的形式用梅兰芳的艺术生涯诠释其京剧人生。书籍设计中并不满足“二维”叙述，还要达到三维空间的演化。书籍的六面体中的每一面均有其特别的功能。尤其对切口加以充分利用——将梅兰芳一生生活的两个面通过读者的左右翻阅而呈现出来（图 3-40）。

第三节 书籍的零页设计

书芯是书籍的主体，是承载止文及部分辅文的部分。零页是指在书芯前后，连接书封与书芯的部件。以下对零页设计做简要介绍。

杂志画册目录设计欣赏

一、环衬设计

环衬是指封面与书芯之间的一张对折双连页纸，一面粘贴在封面背上，另一面贴牢书心的订口，目的在于使封面和书芯结合牢固、不脱离。衬在封面之后，扉页之前的叫作“前环衬”；衬在书心之后，封底之前的叫作“后环衬”。平装书籍有时也采用前后环衬，因为它能使封面翻开不起皱折，保持封面的平整（图 3-41 至图 3-43）。

环衬的设计往往要求简约、轻巧、雅致，与封面相比，环衬的美以含蓄取胜。其设计往往采用以空带实、以静带动的形式，环衬与封面之间构成了“虚实相生”的对比关系。环衬所用的纸张往往与正文及封面都不一样，一般选用白色或淡雅的有色纸，在封面和书心之间起视觉缓冲的过渡作用。其上一般没有文字、图片等内容，即使安排这些内容也是作为书籍整体氛围的烘托而起陪衬作用的次要信息；也可采用抽象的肌理效果、图案表现，但色彩相对淡雅些，图形的对比相对弱一些，应与护封、封面、扉页、正文等的设计取得一致，并要求有节奏感。一般书籍前环衬和后环衬的设计是相同的，即画面上信息和色彩都是一样的。

社科类的图书，书籍内容较为严肃、抽象，一般采用颜色淡雅或压有自然肌理的纸张作环衬页。色彩丰富的艺术类图书和画册，则多采用具有特殊效果的纸张，如色彩艳丽的荧光纸、透明度较高的硫酸纸或黑色纸张等，这样不仅可以使读者视线暂停，得到一种有趣的强调，还起到一种合而后开的作用。对于一些有故事情节的文学书籍和儿童读物，则可以在环衬页印上书中的人物或相关图案进行装饰。

图 3-40 《梅兰芳全传》 吕敬人

图 3-41 环衬设计 蒋琨

图 3-42　环衬设计　蒋琨

图 3-43　环衬设计　佚名

国内的平装书从经济角度考虑，常常将扉页与环衬合而为一，称为环扉页，使环衬兼具扉页的功能。从视觉和心理角度看，这是不值得提倡的，因为环衬与扉页是互补和渐进的关系。精装书一般在环衬页后加数张空白页，目的就是使读者逐步从封面的喧闹气氛中安静下来，从而进入阅读正文的心境，这是真正为读者着想的设计，也是作为书籍设计者和出版者应具有的素质。

二、扉页、目录页、章节页设计

1. 扉页设计

扉页也称“书名页”，是指封面或环衬页后面的一页，上面记载着比封面更详细的书籍内容。广义的扉页包括空白页、卷首插页或丛书名页、序言页、正扉页、版权页、赠献题词页等。扉页的设计要根据书籍的特点和装帧的需要而定，尽量简练，能够对整本书的设计风格起到较好的衬托作用。狭义的扉页是指正扉页，在书籍封面或环衬页之后，在书籍的目录或前言的前面一页。它的背面可以是空白的，也可以印有书籍的版权记录。扉页上一般印有书名、作者名或译者名、出版社和出版的年月以及简洁的图案等（图 3-44、图 3-45）。

扉页一般以文字为主，要求简洁、大方，书名文字要醒目，主要采用美术字，与封面的字体保持一致，其他文字的字体、字号得当，位置有序。印刷多用单色，也可以适当加上装饰图形和插图，但应以明朗、清晰为主，不宜过于繁杂。扉页的设计可以非常简练，并留出大量空白，可以在进入正文之前有部分放松的空间。其色彩对比不宜强烈，应以接近正文的黑色为主调，一般不宜超过两种颜色（儿童读物除外），目的是使读者心理逐渐平静以准备进入阅读状态。这是从彩色到黑白的过渡，也是视觉心理诱导的过程。少儿读物则因为其读者年龄、生理、心理的特殊性，在设计时应更侧重于色彩的表现力，色彩、黑白的对比度应较强烈。儿童书籍的扉页设计不能脱离这一特征。

图 3-44　*MY WORLD MY ORIGINALITY*
中国设计之窗

图 3-45　扉页设计　余一梅

2．目录页设计

目录页是书籍内页的纲领，一般位于序言之后，在书籍中起便于翻检的作用，要求简练、明确；视其具体内容和需要，书籍中的标题名可一直编排到章节子目。目录一般由内容所在的篇章节名、页码数字和标示两者关系的连接符号组成。目录的设计有着较大的创意空间，在字体、字号的选择以及版式编排上都可以做文章。设计时不妨打破一些习惯思维，主观地将目录变换多种字体和大小，或者将它竖排起来，或是增加一些点、线、面的装饰图形。如篇章节名与页码之间可以用虚线连接，也可以把篇章节名与页码之间的虚线省略，还可以添加一些小照片、插图等增加目录的美观程度。在视觉清晰的前提下，多一些形式美感的目录设计更能吸引读者（图 3-46、图 3-47）。

3．章节页设计

章节页也称为“辑封页”，是书籍正文内的插页，具有承上启下的作用。章节页是书籍各部、篇或章节的分隔，具有标示作用，也能使读者的视线得到停顿、眼睛得到休息，因此，其设计要求简洁、大方，装饰感强，画面效果要与整体的装帧风格相统一，各辑封页之间既要体现出连续性，又要有所变化。如可以加插小图片作为装饰，但须把握尺度，不能破坏版面的整体感。材料可以运用特殊纸张或特殊工艺来提升书籍整体的艺术品位（图 3-48 至图 3-50）。

三、序言页、后记页设计

序言页是附在正文之前的短文页；附在书尾后面的称为后语页或后记页、跋、编后语等。不论什么名称，其作用都是向读者交代出书的编写意图及编著的经过，强调重要的观点或感谢参与工作的人等。

序言页设计时可采用与章节页相呼应的手法，在形式、字体、背景图以及色彩上保持一致或者在排版上有一定的呼应（图 3-51 至图 3-53）。

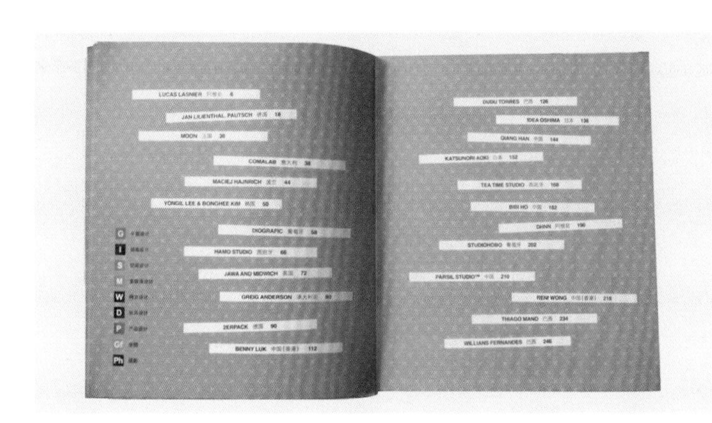

图 3-46　目录设计（一）　于靖

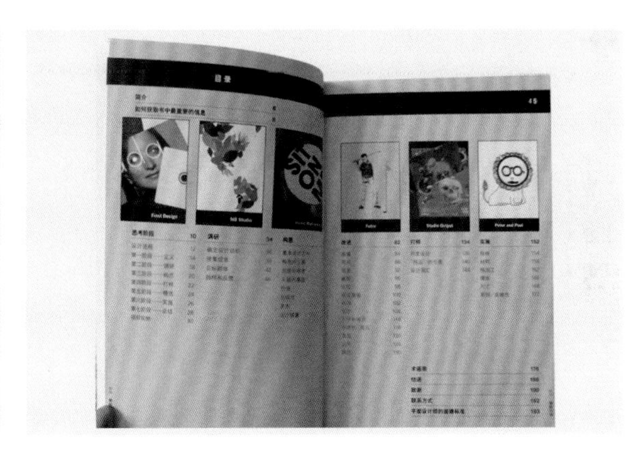

图 3-47　目录设计（二）　于靖

图 3-48　章节页设计　肖勇、贾浩

图 3-49　章节页设计　站酷

图 3-50　章节页设计　顾鹏

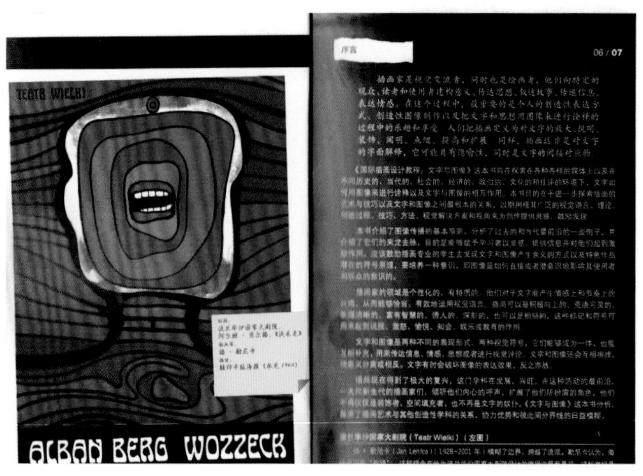

图 3-51　序言页设计（一）　温广强

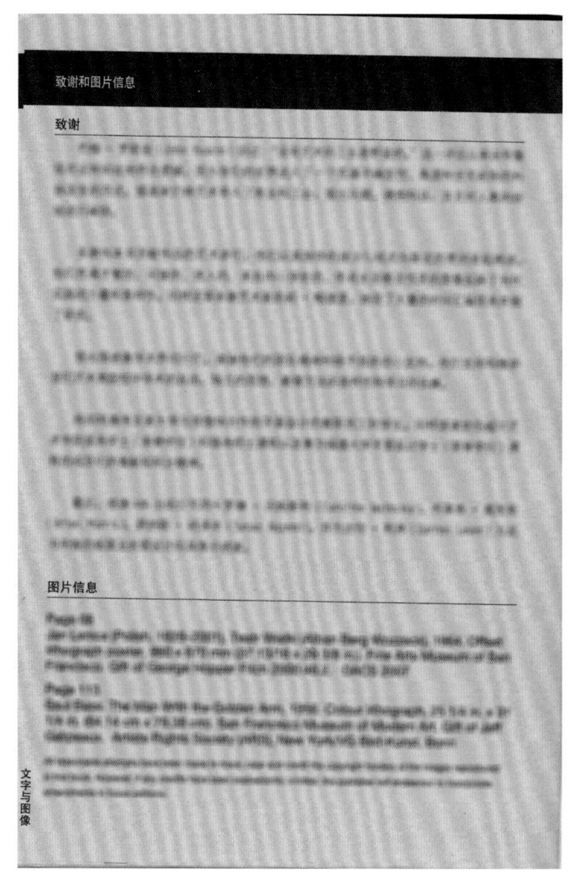

图 3-52　序言页设计（二）　温广强

图 3-53　后记页设计　赵洁、瞿朱珠

四、勒口设计

勒口是指书籍的封面和封底的翻口处延长出来的若干厘米折向书里的部分。勒口可分为前勒口和后勒口，前勒口一般多放书籍作者的简历，设计时应注意字体的大小、字距与行距的关系、字体与作者的照片是否协调等。后勒口则多放书籍的系列书名或内容提示。前勒口与后勒口的设计要在风格上保持一致，其底图与色调可以是封面或者封底的设计风格的延伸，不要有过多的设计内容，简洁明了即可，以使其统一在书籍整体的氛围中。

通常，护封的设计必须有勒口，它可以使护封紧紧地附在封面上。另外，为了达到美观与保护封面免受折损的目的，一些平装书的封面设计也用勒口，这样不仅使书籍变得高雅、华贵，提升了书籍的档次，同时还扩展了书籍的表现力，增加了观赏性与趣味性（图 3-54、图 3-55）。

五、索引、附录、版权页设计

1. 索引、附录设计

索引与附录安排在正文的后面，但是它们作为正文之外的部分也可归在扉页一类。索引是将文献中具有检索意义的事项，按照一定方式有序地编排起来，以供检索。索引在科技书籍中是必不可少的。它大多排成两栏或多栏，字号要比正文小一号或两号。

附录是附于书籍正文后面的、与正文没有直接关系或虽与正文内容有关但不适宜放入正文的参考文献、书目、图录，它的设计与索引相似。

2. 版权页设计

版权页也称版本记录页，它是每本书诞生的历史性记录，记载着书名、著（译）者、出版单位、制版单位、印刷单位、发行单位、开本、印张、版次、出版日期、插图幅数、字数、累计印数、书号、定价等内容。

六、版心、页码、书眉设计

版心是指书籍翻开后成对的两页上被大面积印刷的部分。版心的四周留有一定的空白，上面的空白称为天头，下面的空白称为地脚，靠近装订处的空白称为订口，与装订处相对一面的裁切处为书口。版心四周的空白有助于阅读，避免版面混乱，有利于稳定视线，还有助于翻阅。

表示页数的数字叫作页码，表示书名或章节的文字叫作书眉。利用书心外的空间，用小字在天头、地脚或书口处设计，可以给读者在翻页时带来方便，同时好的设计可以美化版面。

书眉的设计非常丰富，特别是在综合性的杂志和艺术类的书籍中应用广泛。既可以正面写书名，反面写章节名；也可以运用几何图形的点、线、面配合文字设计，但需要与版面设计相协调。文艺类书籍为了使版面活泼，常运用书眉设计烘托效果，页码的设计也是以简洁的图案陪衬文字，出现在恰当的部位。

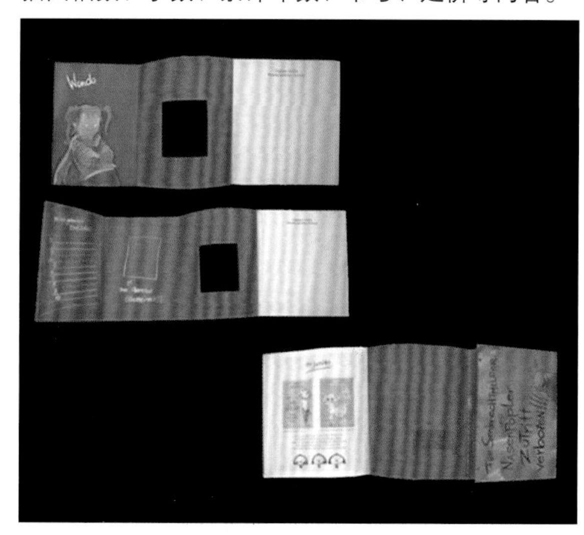

图 3-54　勒口设计

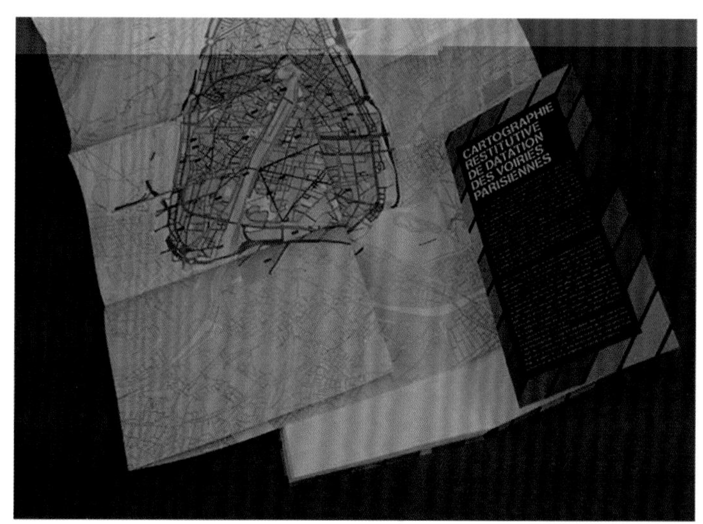

图 3-55　后勒口设计

思／考／与／实／训

1. 什么是环衬？它的作用是什么？设计环衬时应从哪些方面进行考虑？
2. 书籍的勒口包括哪些内容？设计时应注意什么？
3. 简述书籍设计的图形处理技巧。

CHAPTER 4

第 4 章

书籍封面设计

学习目标

了解封面的功能、构成要素及设计原则，熟悉封面的创意与构思方法。

第一节　封面的功能、构成要素及设计原则

一、封面的功能

作为书籍设计艺术的门面，封面设计主要是通过艺术设计的形式来反映书籍的内容。在一本书的整体设计中，封面设计仿佛歌剧的序曲，听了序曲，便知道歌剧内容的大概。所以，优良的封面设计，可以集中地体现书籍的主题精神，吸引读者视线，增加读者的阅读兴趣，帮助读者理解书籍，促使购买行为的完成（图 4-1 至图 4-4）。

简洁大气的画册
封面设计欣赏

1. 保护功能

就功能而言，封面最原始的作用是对书芯的妥善保护，这也是封面能够存在的基础和根据。封面的保护作用主要体现在设计中对于各种材料和工艺技术的合理选择与利用。设计时，对于材料的选择要根据书籍的性质和出版要求来决定，它必须是实用有效的。一般而言，书籍的封面会采用比内页更厚一些的纸张，这里纸张的厚度应该根据书籍的开本、书脊的厚度以及出版要求而定。现在，为了追求特殊的视觉效果，许多有个性的书籍的封面甚至会采用麻布、木板、卡纸、宣纸等材料。

图 4-1　封面设计　佚名

图 4-2 《中国优秀房地产广告年鉴 2010》 马静君

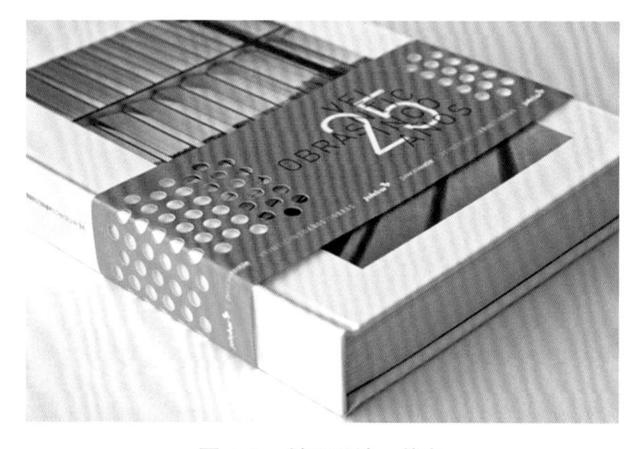

图 4-3 封面设计 佚名

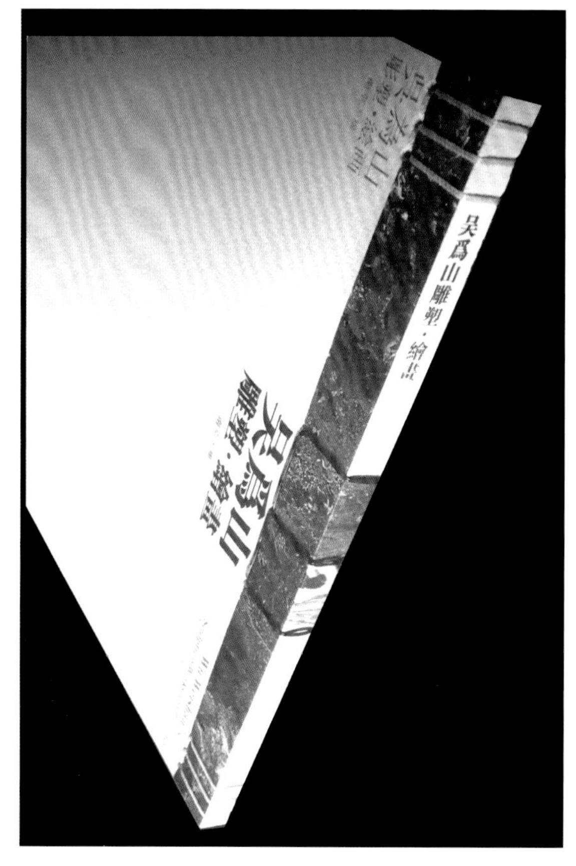

图 4-4 《吴为山 雕塑 · 绘画》 速泰熙

2. 宣传功能

在现代社会生活中，书籍是以商品的形式出现的，读者在购买书架上的书籍时，最先看到的是它们的外观。封面设计中书名、出版社、作者等最基本的信息一目了然，非常易于识别，可以立即把读者吸引过来，从而直接促成读者的购买行为。在信息纷争的时代，封面的宣传作用是特别重要的。

3. 美化功能

富有创意的封面，可以表现出独特的艺术美感。现在，出版商都非常重视封面的美化设计。封面的字体、色彩、图形能营造出浓郁的艺术氛围，表现出特有的文化品位和魅力。

二、封面的构成要素

封面的构成要素一般包括书名、编著者名、出版社名等文字，以及体现书的内容、性质的图形、色彩等。完整的封面设计包括封面、封底、书脊、勒口的设计。简装书与精装书只是在材料运用与结构上会有些不同。这里强调一下，由于护封与封面功能相近，我们往往将护封纳入封面的范畴。精装书往往由封面（硬封）和护封两个方面组成，硬封只有封面、书脊和封底，没有勒口，而包裹在封面上的护封的设计内容包括封面、书脊、封底和前后勒口。作为简装书籍的封面，相当于减去精装书的硬封，直接用护封来包裹书籍，当然，有些精装书的封面还用硬封底板包贴亚麻布或其他合成材料加以压印、烫印以及粘贴书名标牌制成。有时，我们将在精装书的基础上把硬封的结构改为没有印制、没有包裹的硬衬纸板称为半精装（图 4-5 至图 4-12）。

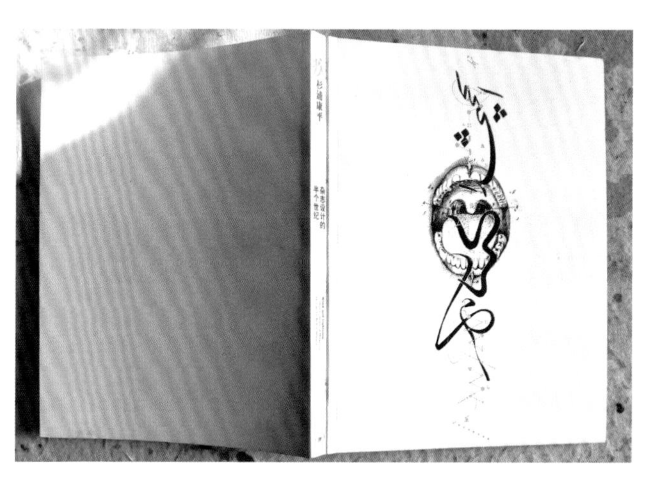

图 4-5 《疾风迅雷 · 杉浦康平》硬封 敬人书籍设计

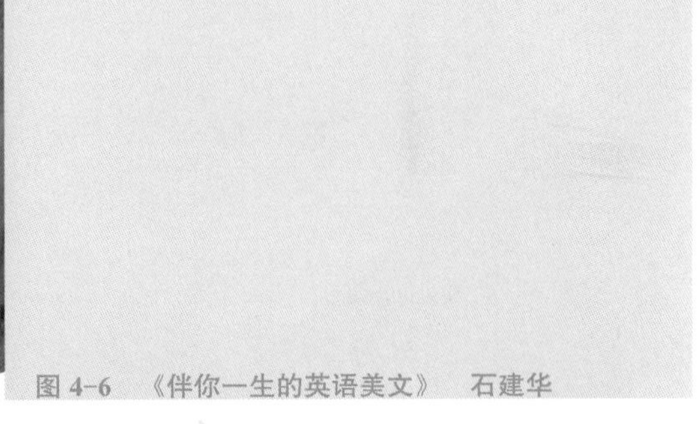

图 4-6 《伴你一生的英语美文》 石建华

《疾风迅雷·杉浦康平》

敬人书籍设计

图 4-7 《疾风迅雷 · 杉浦康平》 敬人书籍设计

图 4-8 《西夏艺术史》 鲁继德

图 4-9 《书籍设计》 刘晓翔等

图 4-10 《住宅规划宝典》 李小芬

图 4-11 《李泽厚集 · 杂著集》 罗洪

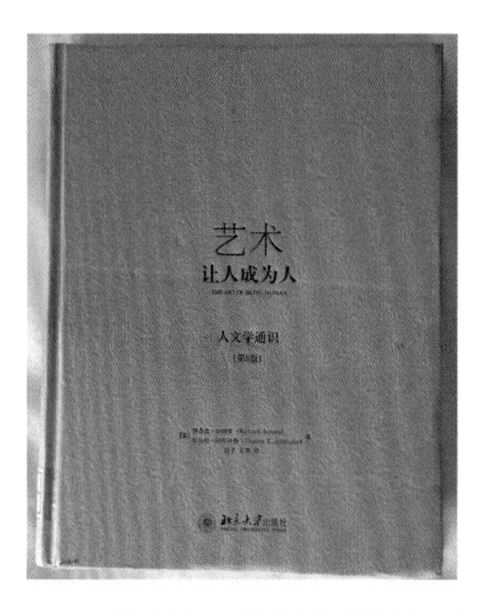

图 4-12 《艺术让人成为人》封面及护封 苑海波

三、封面的设计原则

日本著名设计家杉浦康平说：“书籍设计的本质是要体现两种个性，一是作者的个性，二是读者的个性，设计即是在两者之间架起一座可以相互沟通的桥梁。”封面包裹书芯，同时又要把书籍的主题介绍给读者。好的设计师会将作者的情感或观念通过书籍封面的每个细节、每个空间传达给读者，使读者与作者产生共鸣，这就决定了封面设计不仅要充分理解书稿和读者，考虑与图书的内容和阅读对象相融合，还要有设计者独到的艺术见解（图 4-13 至图 4-20）。

1. 理解书稿

听别人讲橘子的甜酸给自己的感受和自己亲自品尝橘子完全是两回事。设计师要形成自己独特的理念和设计思想，一定要认真阅读书稿，只有充分理解书稿内容后才能有感而发，才能产生贴合书籍内容的设计思想。当我们对书稿有了深刻的印象，就会产生主导情感倾向，进而找到封面形式与书籍内容的交融点。准确把握书稿内容，不但可以为封面设计打下良好基础，而且能为书籍整体设计、插图创作提供艺术表现空间。

图 4-13 《中国韵味》 李湘

图 4-14 《中国高等教育改革发展研究》 刘丽霞

图 4-15 《梁启超美学思想研究》 金雅

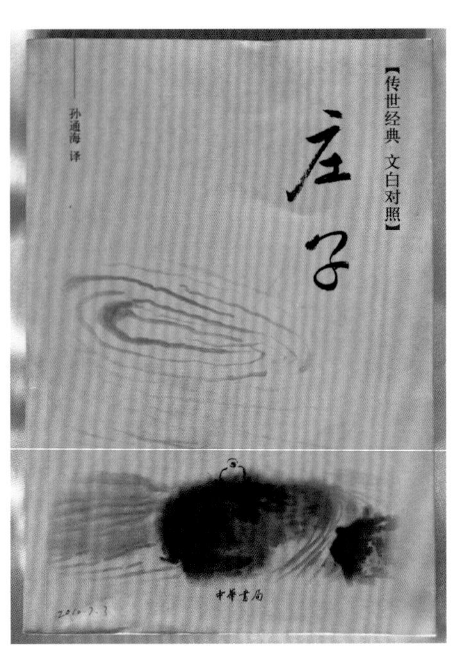

图 4-16 《庄子》 毛淳

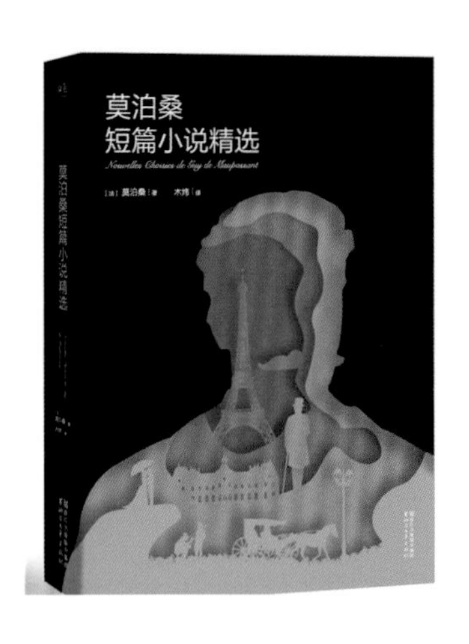

图 4-17 《莫泊桑短篇小说精选》 谈天

图 4-18 《开放的作品》 林涛

图 4-19 《父与子》 洪佩奇

图 4-20 《素描基础》 吕敬人

2．了解读者

黑格尔曾说："艺术的第一条规律就是可理解性。"设计者在确定表现封面的方式时，一方面要用自身真实的个性去把握书稿赋予的形象，另一方面还要让读者去理解表现形式下的内涵。在设计封面的表现形式与读者交融上应该是两个层次：第一个层次是低层次，它是表露的；第二个层次即高层次，它是象征、隐喻的。这就如同中西方绘画的艺术追求，西方绘画重写实、再现，中国绘画重写意、表现。对于封面设计，可以根据书籍内容，选择写实或写意。写实性的再现具有真实、逼真感，写意性的表现则具有象征意义和艺术的趣味性。

第二节　封面的创意与构思

书籍设计的作用就是用特殊的艺术语言准确表达书中的内容。要把几十万的文字内涵转换成视觉形象，并组织在方寸之地的封面上，就必须重视封面的创意和构思（图 4-21 至图 4-28）。

优秀书籍封面设计的 5 大手法

图 4-21　《书坛点将录》　墨语堂工作室

图 4-22　《李叔同谈艺》　吉安工作室

图 4-23　《香闺缀珍》　孟尧

图 4-24　《我只能为你画一张小卡片》　几米

图 4-25　《苏州艺术家研究 · 盛小云》　吴一风、施小慧

图 4-26 《版式设计：合适最好》 由炳达

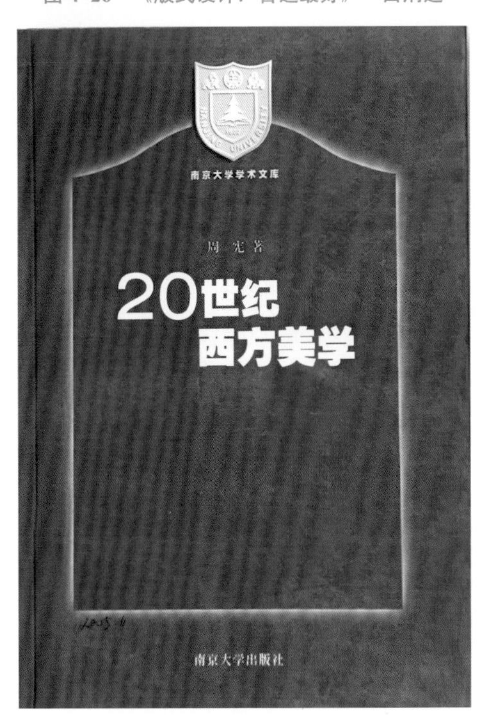

图 4-27 《20 世纪西方美学》 速泰熙

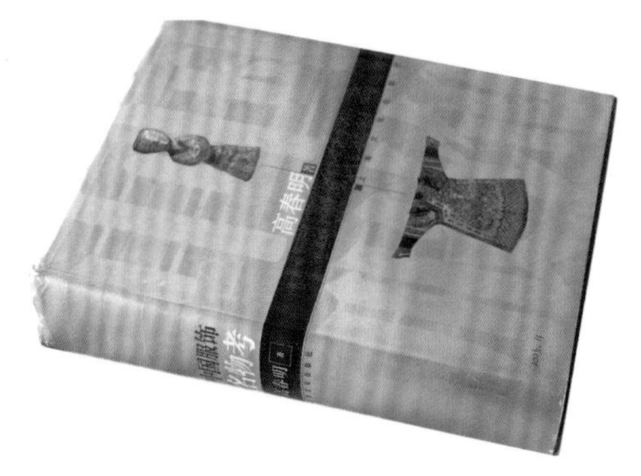

图 4-28 《中国服饰名物考》 袁银昌

一、形式服务内容

书籍不是一般商品，而是一种文化。设计形式与书籍的内容是一个完整的统一体，是表和里的关系。封面的创意与构思，要考虑到书稿的内涵、风格、体裁以及阅读对象等因素，做到构思新颖、切题，有艺术感染力。封面设计中，哪怕是一根线、一行字、一个抽象符号、一块色彩，都要具有一定的设计思想。好的封面设计应该在内容的安排上做到繁而不乱、有主有次、层次分明，使人看后感受到一种气氛、意境或者格调。活泼的动漫卡通、严肃的历史故事、稚气的儿童读物、严谨的科教题材、诗词选集，由于主题不同，设计形式也就各不相同。儿童读物的封面装饰形象要求具体、生动、活泼，色彩要鲜艳、明快、突出知识性和趣味性。中青年读物的封面设计，要根据读物的内容、性质和阅读对象的文化层次、职业、民族的特点来确定设计方案，如通俗小说形式要活泼，色彩要鲜明；科技类、学术类的读物则要求严肃大方、色彩沉着、和谐。为使封面具有深刻的审美内涵，装饰形象可以由具象转向抽象，运用象征、寓意等手法进行构思立意。老年读物的封面设计，装饰形象要简洁、庄重，色调一般要沉着、和谐。古籍书一般都带有浓郁的民族色彩和古香古色的格调，书名宜用毛笔字题写或用印刷体宋体字。对于翻译书籍的封面设计还要求能体现著作国度的艺术风格、风土人情、地域风貌等特点。

二、赋予想象和象征

想象以造型的知觉为中心，能产生明确的有意味形象。人们所说的灵感，也就是知识与想象的积累和结晶，它对设计构思是一个开窍的源泉。构思的过程往往是“叠加容易，舍弃难”，构思时往往想得很多，堆砌得很多，对多余的细节爱不忍弃。张光宇先生说“多做减法，少做加法”，就是真切的经验之谈。对不重要的、可有可无的形象与细节，坚决忍痛割爱。通常设计要选用最感人、最形象、最易被视觉接受的表现形式，充分运用图形、文字、色彩等元素。象征性的手法是艺术表现最得力的语言，可以用具体的形象来表达抽象的概念或意境，也可以用抽象的形象来意喻表达具体的事物。流行的形式、常见的手法、俗套的语言要尽可能避开不用；熟悉的构思方法、常见的构图、习惯性的技巧，都是创新构思表现的大敌。构思要新颖，就需要不落俗套，标新立异。要有创新的构思就必须有孜孜不倦的探索精神。有的封面设计，形式独特新颖、工艺印刷考究，可就是不能打动消费者、激起读者的兴趣，最主要的原因就是缺乏明显的情感倾向渲染，这也就失去了封面在视觉上传达书籍内容的重要作用。

三、在整体中构想

封面从属于书籍整体。封面设计必须控制在书籍整体设计之中，由正文版面得出目录，由目录得出序页、扉页、环衬，最后才得出封面。局部在整体控制之中，整体通过精彩的局部来丰富。我们必须对书籍的基本风格、篇章架构做到胸有成竹，设计出来的封面才不会脱离书籍整体。

思／考／与／实／训

1．封面的功能是什么？封面的设计原则有哪些？
2．收集你认为好的书籍封面设计作品 10 幅，并在课上讨论交流。
3．设计书籍封面作品 1 幅，主题自选，开本不限，要求封面、封底、书脊等要素齐全，形式能较好地体现内涵。

CHAPTER 5

第5章 书籍版式设计

学习目标

了解书籍版式设计的原则，熟悉书籍版式设计的主要类型，掌握书籍版式设计的基本步骤及要点。

第一节　书籍版式设计的原则

一、统一性

书籍版式设计首先必须符合书籍的主题内容，要能够准确地传递书籍的信息。只有将形式与内容合理地统一，使封面与内页的风格协调一致，强化整体布局，才能使读者在获得良好视觉体验的同时获取准确的信息（图 5-1）。

精美排版的折页版式设计欣赏

二、思想性

书籍版式设计要能够很好地体现书籍的主题思想，更好地帮助读者理解书籍内容。只有做到主题鲜明突出，一目了然，才能达到版式设计的最终目的(图 5-2)。

图 5-1　视觉上的统一可产生美感

图 5-2　体现主题思想的设计能更好地帮助读者理解书籍内容

三、艺术性

书籍版式设计在为书籍内容服务的基础上，需要有强烈的视觉美感和鲜明的艺术特色，在设计过程中要符合现代审美的趋势，在信息传达的基础上提升书籍的附加价值，从而引起读者关注，达到促销的目的（图 5-3）。

四、趣味性

生动而富有情趣的书籍版式设计能增加书籍的可读性，起到锦上添花的效果，从而能吸引和感染读者，加强读者记忆（图 5-4）。

第二节　书籍版式设计的主要类型

书籍版式千变万化，表现方式多样，特别是各种排版、设计软件的不断更新升级，使版式设计更加灵活、方便，表现形式更加丰富多彩，版式语言更加时尚前卫。总体归纳，书籍版式分为以下类型。

一、按形式分

1. 以文字为主的版式

以文字为主的版式是指以文字为主要视觉要素，只有少量图片的版式。在设计时要考虑到版式的空间强化，通过将文字分栏、群组、分离、色彩组合、重叠等变化来形成美感，使平淡的版式变得美观、生动和有表现力。适用对象为理论文集、工具书等（图 5-5、图 5-6）。

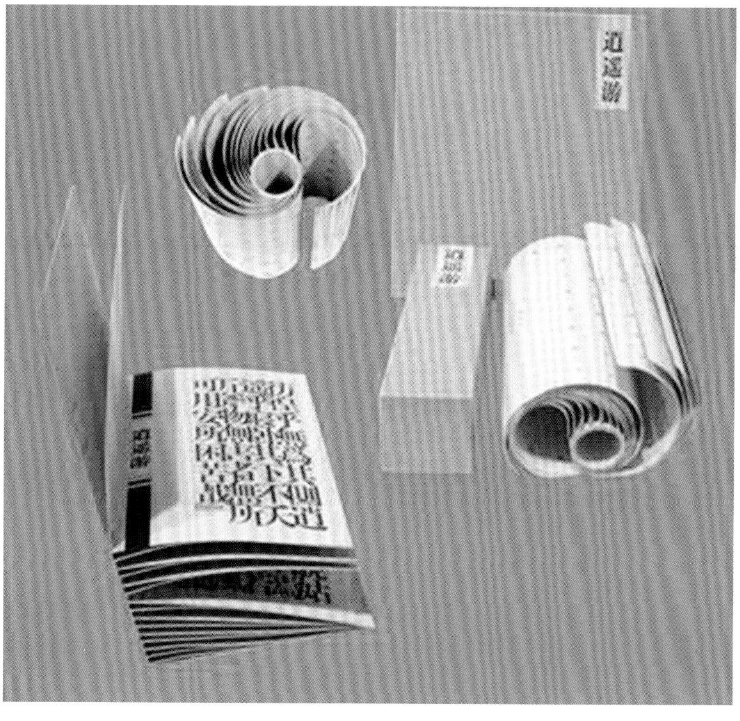

图 5-3　视觉美感和艺术性能提升书籍的附加值

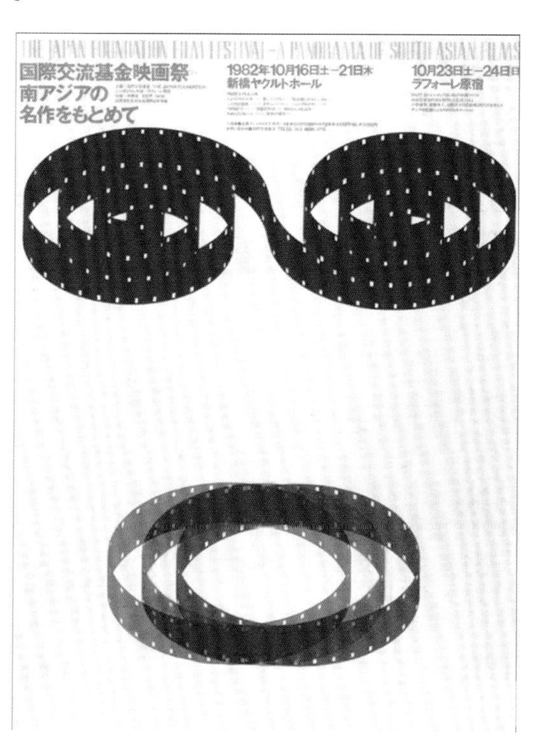

图 5-4　趣味性的设计更能吸引读者

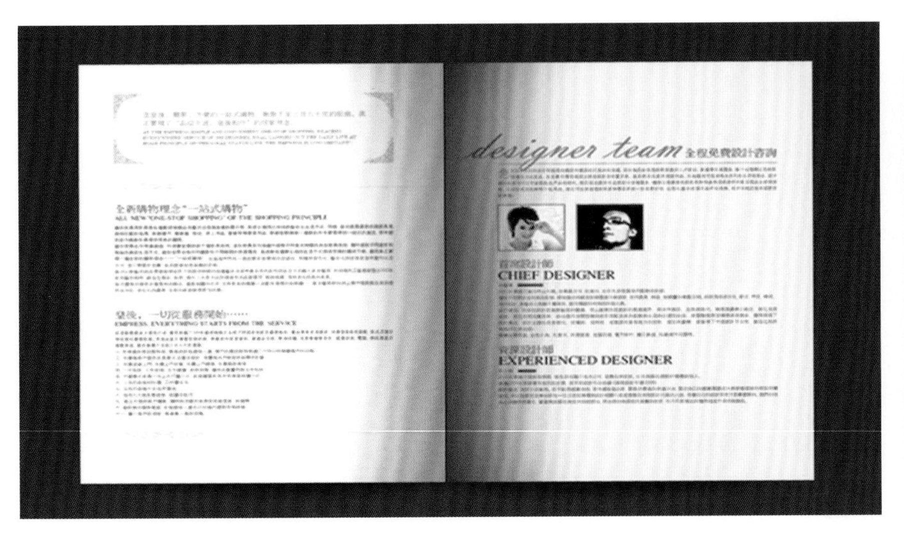

图 5-5　纯文字的版式可以在空间分割和字距变化上进行强化

图 5-6　纯文字的版式使视觉信息更集中

2．以图片为主的版式

以图片为主的版式是指版面只有少量文字，以图片为主要视觉要素的版式。在设计时要注意明确图片的代表性和主次性。适用对象为儿童书籍、画册、样本、文艺类书籍等（图 5-7）。

3．图文并重的版式

图文并重的版式是指图片和文字并重的版式。可以根据要求，采用图文分割、对比、混合的形式进行设计。设计时要注意版面空间的强化及疏密节奏的分割。适用对象为科普类、生活类书籍等（图 5-8、图 5-9）。

二、按视觉状态分

按版面的视觉状态划分，可以将书籍版式分为静态型版式和动态型版式两大类。

1．静态型版式

（1）满版型。视觉要素基本布满画面，视觉信息较多，留空很少。

（2）对称型。视觉要素同量同形且与左右或上下的形态绝对平衡，给人以庄重、秩序、肃穆、沉静的感觉（图 5-10）。

（3）平衡型。视觉要素呈等量不等形的非对称均衡版式，给人以生动、灵活自然的感觉（图 5-11）。

2．动态型版式

（1）分割型。在版式设计时有意将版式区分成两个或两个以上的基本视点，形成视觉上的节奏感（图 5-12）。

（2）呼应型。主题要素按主次分布在两个不同的位置，但主题上相互依存，表达上存在必然的关联（图 5-13）。

图 5-7　以图片为主的版式使视觉信息更具熟知感

图 5-8　图文并重的版式对渲染书籍主题起到了不可替代的作用

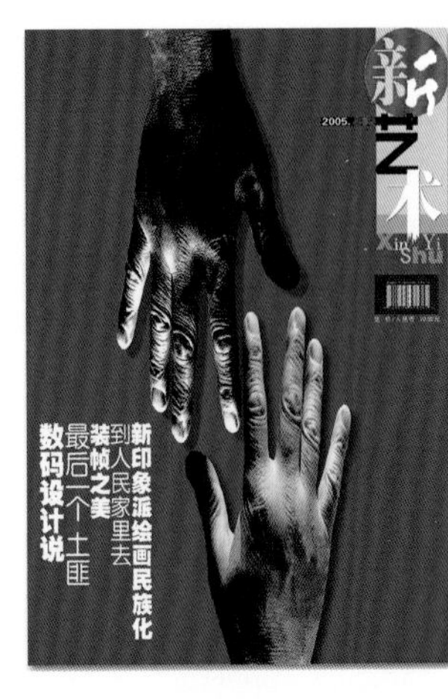

图 5-9　图文的呼应强化了版式语言

图 5-10　对称型的版式给人一种肃穆庄重的感觉

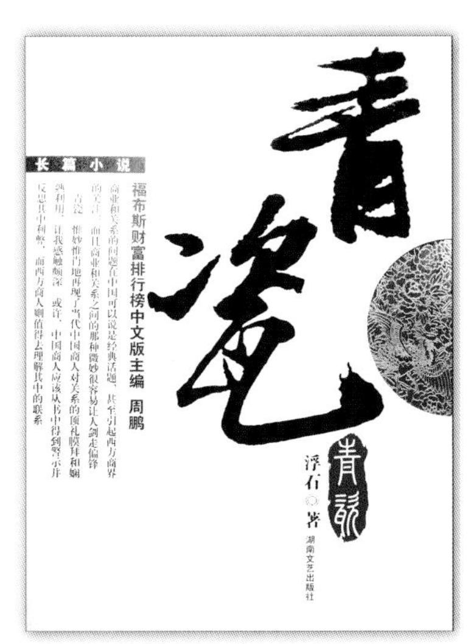

图 5-11　视觉上的平衡在版式中的运用

图 5-12　版式的分割和利用可以形成动态的视觉节奏

图 5-13　视觉元素的呼应关系使版式更生动

三、按排列方式分

（1）横排。排版时视觉要素从左至右平行排列。特点是平稳、庄重、阅读自然。可以齐尾不齐头，也可以齐头不齐尾，还可以两端齐整（图 5-14）。

（2）竖排。排版时视觉要素自上而下垂直排列。特点是可以齐上不齐下，也可以齐下不齐上，还可以两端齐整（图 5-15）。

（3）斜排。排版时视觉要素呈斜线或曲线形排列。特点是流畅、舒展、活泼，具有韵律感和动感（图 5-16）。

（4）混合排。排版时视觉要素在版面中既有横排，也有竖排或斜排，多种排法相糅合，灵活运用。特点是层次丰富，版面生动，表现力强（图 5-17）。

图 5-14　横排的版式端庄自然、便于阅读

图 5-15　竖排的版式阅读方向集中，具有视觉秩序感

图 5-16　斜排的版式活泼、舒展

图 5-17　混合排的版式视觉层次丰富、节奏感强

第三节　书籍版式设计的基本步骤及要点

书籍版式设计具有很强的操作性，设计前需要建立起相对完整的构思框架，再按照程序进行完善。如设计书籍封面和内页正文时，在版式编排组合和创意上，可以按以下步骤完成，并注意细节和要点。

Verboten 杂志版式设计欣赏

一、了解素材

在接受设计任务时，要弄清书籍的类型、主题、基本内容、读者对象、开本、印刷工艺和档次等基本情况，同时，基本素材也要齐全。要点：对书籍类型和主题的理解。

二、确定视觉焦点

确定以何种形态为视觉核心并在版面中确定一个视觉焦点，设定初始的诉求语言。要点：定位要准确，具有极强的针对性。

三、建立视觉流程

视觉流程是一种视觉空间运动，是视线随着各种视觉元素在一定的空间内沿着一定的轨迹运动的顺序过程。好的版式设计，不但能符合人的视觉习惯，还能引导人的视觉秩序，从而有效传达视觉信息。应以视觉焦点为基础，确定初始的表达程式和阅读秩序。要点：视觉秩序流畅，层次分明、简洁、有效、合理（图 5-18）。

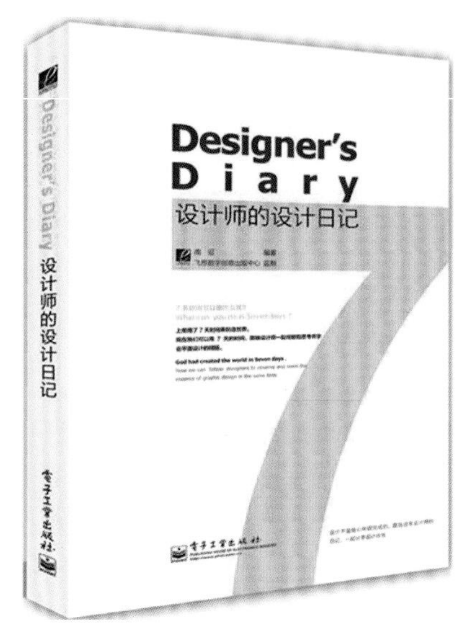

图 5-18　书籍版式中，视觉流程更具导向性

四、版式风格定位

从整体出发，根据书籍主题、类别、读者对象确定版式风格，以寻求最佳的表达方式。例如，如果读者为女性，版式可设计得清秀雅丽；如果读者是儿童，设计时则可以偏重阳光艳丽、童趣；如果读者是 30 岁以上的男性，就须设计得成熟、稳重。此外，书籍的类型、发行的区域、读者的职业等因素都要进行定位规划。可随手多画几个草图，再从中选定一个最合适的作为正稿，构思时要注意变化与统一、对比与调和等形式关系。风格定位是整个版式设计成功的关键。要点：定位准确，凸显特色，个性鲜明。

五、图形、字体的处理和创意

导入文字、图片，按设计需要，对图片、文字进行装饰加工。字体、字号及色彩的设定要有针对性、前瞻性，使之具有个性和特色。同时，图片也要进行选择、裁剪和修饰。如有必要，可使用计算机滤镜特效，对图片进行深度加工和处理，使之更具鲜明的个性和视觉冲击力。要点：注意对图文关系的强化，对图形的再加工。

六、图文群组、编排

根据上述构成原理及视觉流程的定位，对图文进行组织编排合成。要点：视觉流程顺畅，视觉层次清晰，视觉节奏强烈，视觉主题突出。

七、版面整合

版面整合是一个梳理、对照和调整的程序。梳理是指从头到尾，从整体到局部，从构思制作到打样出片进行仔细的印前检查，删除多余的视觉要素，强化版面空间，使版面整体简洁、大气、响亮。对照，即指以当前视觉效果与确定视觉焦点定位的初始设想寻求表述上的一致和吻合，反复试读作品在视觉流程的流畅性，反复比较作品在思想语言及视觉表述上的独立性和创新性，并对不足之处作必要调整。要点：使作品最后效果整体统一、协调、准确（图 5-19）。

八、定稿

再次检查作品的最后效果，并确定各细节无误后，对版式作品确认并提交。要点：注意细节。

图 5-19　书籍的整体设计及细节不能忽略

思／考／与／实／训

1．书籍版式设计应遵循哪些原则？为什么？

2．收集至少 5 种不同类型的版式作品，分别比较分析，并写出评析短文。

CHAPTER 6

第 6 章

书籍插图设计

学习目标

了解书籍插图设计基础知识、书籍插图的分类及其艺术特征，熟悉书籍插画的编排，掌握书籍插图设计的方法。

第一节　书籍插图设计的基础

一、插图的定义

1．传统“插图”的定义

插图艺术在我国有着悠久的历史。汉字萌芽之初，古人就以“图”为“书”进行记事，传达信息。后来随着佛教文化的传入，为了宣传教义，在经书中用“变相”图解经文，从而出现了版画形式的插图。不管是画于墙上的壁画，还是刻于竹简及画在纸和绢上的图像，或者是用雕版印于书中的图形，统称为“图”或“像”。在欧洲，“插图”的概念源自拉丁文“illustration”，原本有“举例说明、例证、图解、注释”的含义。欧洲中世纪的手绘彩色画，也属于插图的一种（图 6-1、图 6-2）。

图 6-1　插图（一）　佚名

图 6-2 插图（二） 佚名

2. 现代“插图”的定义

随着现代经济社会的迅速发展，信息社会、消费文化的到来，以书籍插图为主流的插图艺术，向商业的各个领域拓展，其概念、内涵、手段更是被广泛地应用于社会的各个领域。现代意义上的插图不只是简单地把书籍中的文字或信息传达的内容进行视觉形象的阐述，还要将文字中所表达的情感准确、直接地通过画面传达给读者。因此，现代插图已不仅仅附属于书籍和文字，而是能主动地、独立地以个性化的方式把信息传达出来。也可以说，几乎所有当代的视觉传达方式都已被用于插图艺术设计与表现中。一幅好的插图，也可以同时成为一件优秀的艺术作品（图 6-3 至图 6-6）。

图 6-3 现代插图 佚名

图 6-4 《冷藏的青春时光》 学生作品 李苗

图 6-5 《旋 · 梦》 学生作品 余欣珊

图 6-6 《滴答流逝》 学生作品 李苗

现代插图的概念，虽然因个人的理解不同而有所差异，但可以用一句话总结：“以图像方式辅助读者理解文字内容，强化文字含义或广告设计的创意艺术表现形式。”

二、插图的功能

插图的主要功能是用直观的视觉形象作为传递信息的手段，将丰富的内容和内涵以视觉形式简明扼要、生动直观地传达给大众，帮助读者理解文字内容，并达到强化理念、创意和含义的目的。

插图是书籍装帧设计的重要组成部分，是占有特定地位的视觉元素。插图形象化特点的运用与设计来自对书稿的认识和理解，同时融合了设计师的审美与情感。插图的存在是为了更好地烘托书籍所蕴含的氛围，给予读者微妙的想象空间，在潜移默化中影响读者的心理及视觉感受，这也是优秀的书籍装帧设计的魅力所在。书籍中插图的运用及安排要适当，比如在书籍封面设计中，安排色彩过于缤纷、跳跃的图片会扰乱读者阅读书名和封面的文字信息，使读者难以分辨封面所要传达的信息，那么这种图片的运用就丧失了其基本的存在意义。因此，书籍插图的功能侧重于以下几点（图 6-7 至图 6-10）。

（1）表述功能。书籍插图的表述功能是将文字视觉化，使读者得到更直观、更容易接受的信息。

（2）装饰功能。精美、讲究的插图是美化书籍、提升档次、吸引读者的重要手段。

（3）审美功能。书籍插图的审美功能让人们能够得到一种视觉美感和情操的陶冶。

（4）艺术功能。书籍插图的艺术功能就是表现艺术家的艺术观、美学观、审美观。

图 6-7　插图的功能（一）

图 6-8　插图的功能（二）

图 6-9　学生作品（一）　李怡琳

图 6-10　学生作品（二）　李怡琳

第二节 书籍插图的分类及其艺术特征

现代书籍插图包括封面、封底的设计和正文的插图，广泛应用于各类书籍，如文学书籍、少儿书籍、科技书籍等。插图的表现形式丰富多样，科学技术的不断进步、艺术作品的历史积淀与多元化的艺术形式给插图提供了广阔的发展空间，以及丰富的视觉表现形式与表现手段。在信息化的过程中，要通过运用插图，尽可能把繁杂的信息、内容、思想用简洁、概括、明了、新颖且生动的形式表达出来。

一、按书籍的类别分类

1．儿童读物插图

儿童读物以漂亮、复杂且艳丽的插图著称。儿童读物的插图制作有很多种媒介和技术，包括数码图片、拼贴画、水彩画、水粉画、油画、彩色蜡笔画和铅笔画等（图 6-11 至图 6-16）。

随着儿童读物的大量涌现，其艺术形式越来越多样，表现力越来越强，书籍越来越精美，使儿童书籍插图艺术获得了丰富、精妙、永不枯竭的创造力。儿童时期正是视觉图像接受的重要阶段，因此，儿童读物中的插图比文字对他们的视觉作用更为直接和重要，是培养情感与想象的源泉，也是他们启发心智、审美启迪、知识启蒙和认知世界的开端。

儿童读物类插图艺术是一个多层次、多因素的系统艺术门类，是一门跨学科的应用科学。在儿童读物插图理念构思和创作过程中要系统地考察儿童读物插图的特性、读者的理解能力、插图的表现形式和技法等综合因素。

2．文学艺术类书籍插图

文学类书籍插图包括文集、文学理论、中国古诗词、中国现当代诗歌、外国诗歌、中国古代随笔、中国现当代随笔、外国随笔、戏剧、民间文学等书籍中的插图。

图 6-11 学生作品（三） 李怡琳

图 6-12 学生作品（四） 李怡琳

图 6-13 吉米作品（一）（中国台湾）

图 6-14 吉米作品（二）（中国台湾）

图 6-15 插图设计 佚名

图 6-16 《黑兔子 · 白兔子》 小爱

艺术类书籍插图包括艺术理论、人体艺术、设计、影视艺术、建筑艺术、舞台艺术、舞台戏曲、收藏鉴赏、民间艺术、外文原版书、摄影、美术、画谱、画册、名家作品、字帖、篆刻、音乐、演奏法、演唱法等书籍中的插图（图 6-17 至图 6-20）。

3．科技类书籍插图

（1）科学技术类插图：科学、技术、天文、地理、数学、物理、化学、生物、农业、工业、交通、建筑、城市、电子、兵器等书籍中的插图。

（2）自然环境类插图：太空、宇宙、星球、矿产、能源、气象、灾害、地貌、时间、方位、大陆、海洋、湖泊、河流、山川、奇观、风光、动物、植物、微生物、人体、保健等书籍中的插图。

（3）人类社会类插图：人类起源、心理奥秘、民族特征、文化发展、社会概况、世界历史、国际知识、经济常识、文明礼貌、法律法规等书籍中的插图。

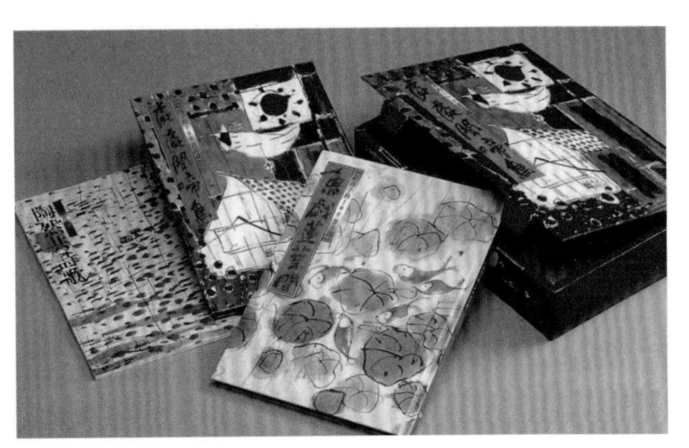

图 6-17　文学艺术类书籍

图 6-18　韩国作品

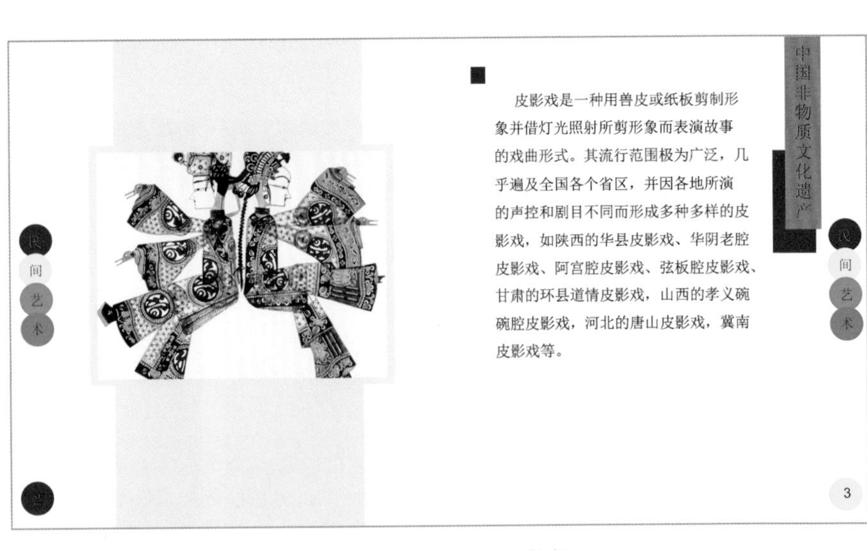

图 6-19　学生作品　周佳鹤

图 6-20 学生作品 李丹丹

（4）文化艺术类插图：语言文字、体育竞技、教育工程、图书博物、文物瑰宝、民俗风尚等书籍中的插图（图 6-21）。

在科技插图中，产品分解图、人体解剖图、建筑设计图、动植物标本图比较多见（图 6-22）。

二、按插图的表现手法分类

1. 手绘插图

书籍中手绘插图以其人性化、独具亲和力等诸多优点，越来越受到人们的重视和喜爱。一幅完整的、成功的手绘插图作品，要求创意新颖、颜色搭配合理，能够吸引人们的注意力，同时要与书籍的内容相联系，起到烘托整体阅读氛围的作用。

手绘插图可以采用铅笔、钢笔、蜡笔、水彩、水粉、墨、油画颜料等工具和材料进行创作，也可采用速写、中国画、水彩等艺术形式。相对于计算机制作而言，手绘插图的视觉效果更能使人感到亲切，更富有艺术感染力，更能营造出一种个性化与人性化的气氛。单纯的手绘插图或计算机制作插图各有利弊，可依实际情况进行结合，以弥补各自的不足（图 6-23 至图 6-27）。

图 6-21 文化艺术类插图 Laurence Wayne Lee（美国）

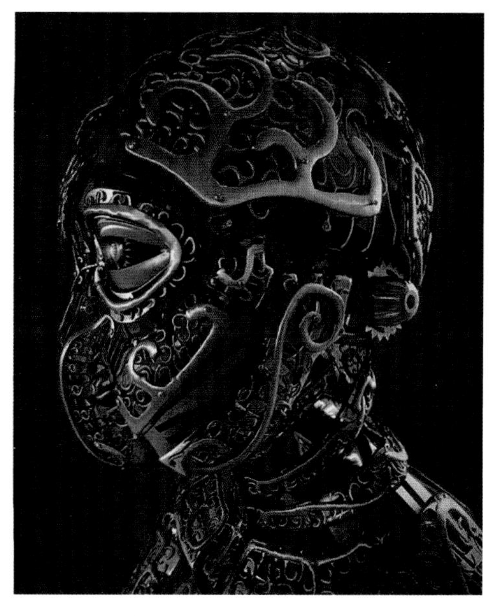

图 6-22 科技插图 Daniel Amold Mist（英国）

图 6-23　插图设计　谭晶晶

图 6-24　插图设计
Asha Nick（美国）

图 6-25　插图设计
Peter Siu（美国）

图 6-26　插图设计　Deanne Cheuk（美国）

图 6-27　手绘插图　佚名

2．计算机制作插图

计算机艺术设计作为计算机文化的一部分，也给艺术领域带来了一场革命，为艺术家和设计师提供了一种全新的艺术表现形式和空间。一些图形、图像类软件能制作出极富表现力的效果，为设计师解决了传统设计中的种种不便，如平面设计软件 Photoshop 功能十分强大，运用它的图像处理技术能制作出绚丽多姿的效果；另外，CorelDRAW、Illustrator、Painter 等软件也为书籍中插图的设计制作提供了良好的平台。

图像类的软件具有非常强大的图像处理功能，设计者能够按照需要处理和修整图像，或者把图片扫描到计算机中，再进行处理，创造所需要的视觉效果；图形类的软件可以让设计者方便快捷地绘制出想要达到的艺术效果。计算机绘画与制作的使用能够把传统手法无法表现出来的东西随心所欲地表达出来，极大地提高了插图艺术的表现力，因此越来越受到人们的重视（图 6-28 至图 6-30）。

3．摄影插图

摄影图片可以增强视觉感染力，在目前的书籍装帧设计中较为常见。摄影艺术靠光线、影调、线条、色调等构成自身的造型语言。摄影艺术可以客观描绘缤纷的色彩世界，借助这些语言来构筑摄影艺术的美。

摄影图片用于书籍装帧的插图有两种形式：一种是直白表现，另一种是经过计算机的处理。直白表现就是将摄影图片原封不动地运用在书籍中，其色彩与造型不加任何改变。这种手法给人的感觉比较真实、自然，但是也会因过于真实而显得呆板，缺少生气与变化。所以许多设计者都在尝试改变这种现象，力图在摄影图片的变化中渲染与制造出各种新颖、独特的形式意味，综合利用图形图像处理软件，打破单纯摄影图片带来的单调感，巧妙地运用软件处理，为插图提供无限丰富的表现手段（图 6-31 至图 6-36）。

图 6-28 计算机制作插图 佚名

图 6-29 《孤岛危机》 学生作品 万里

图 6-30 《追梦者》 学生作品 李苗

图 6-31 摄影图片插图 Ugur（土耳其）

图 6-32 胡艺沛摄影作品（一）

图 6-33 胡艺沛摄影作品（二）

图 6-34　胡艺沛摄影作品（三）

图 6-35　摄影插图（一）

图 6-36　摄影插图（二）

三、不同类别书籍插图的艺术特征

1．儿童读物插图的艺术特征

儿童读物插图设计多用富于夸张性、幽默性、讽刺性、诙谐性的漫画卡通形式，通过丰富的想象力，以拟人化、童趣性、娱乐性、奇特性的个性手法进行创作，凭借新颖的题材、鲜艳的色彩、夸张的形象、有趣的内容来吸引儿童的眼球，在寓教于乐中传递着知识和智慧，在潜移默化中培养着情操和审美。儿童读物是文学的一个分支。特定的读者群决定其特殊的性质：题材广泛、主题明确而有意义，人物形象具体、鲜明，结构单纯、完整，脉络清楚，情节有趣，想象力丰富，语言通俗易懂、生动活泼。特别是以系列形式插图最为突出，图像被用来讲述故事，因而视觉叙述起主导作用并贯穿整个故事。儿童读物插图，通过富于想象力的故事情节和智慧的设计，为满足儿童阅读渴望、益智审美以及创造力的发展做出了积极贡献（图 6-37 至图 6-39）。

图 6-37　《中国学生素质教育读本》插画（一）

图 6-38　《中国学生素质教育读本》插画（二）

狼堡大门打开，灰太狼被扔了出来。灰太狼可怜兮兮地趴在狼堡的窗户上，眼馋地看着狼堡里劲歌热舞的狼男狼女和热气腾腾的美食。他一眼就看到了舞台上的红太狼，忍不住叹了口气：“唉，如果我能娶到那个美女狼做老婆，哪怕被平底锅打一辈子我也愿意！”

狼堡里，狼表哥和红太狼正眉目传情。这时，红太狼的姐妹捧出一个大碟子，碟子里装着一团垃圾状食物，散发出难闻的气味。狼姐妹高声地说：“这是红太狼小姐做的蛋炒饭。只要吃下小姐做的蛋炒饭，就能和红太狼小姐结为夫妇。谁想吃蛋炒饭啊？”众狼一看，那碟饭又黑又臭，吓得大叫“超级病毒！”然后逃走了。红太狼脸面丢尽，伤心地哭了。

图 6-39　《中国学生素质教育读本》插画（三）

2．文学艺术类书籍插图的艺术特征

文学类书籍中的插图具有三个特征：从属性、独立性和个性。从属性是指它虽然具备造型艺术的一切共性，但也只是造型艺术中的一个画种，有别于独幅画，从属于书籍的整体设计理念。独立性是指插图虽然是为文学作品服务的，但它绝不仅仅是书籍的点缀。个性是指插图画家在创作的过程中，根据自身对文学作品的体验与感受进行独特与深刻的艺术处理，从而赋予作品新的精神内涵。中国古人以图书并称，“凡有书，必有图”，“图”即泛指一切出版物中为主题内容作图解的插图（图 6-40、图 6-41）。

艺术类书籍中的插图的设计形式更是丰富多彩，具有无限自由的表现空间，以想象、夸张、幽默、象征、装饰、具象、超现实、蒙太奇等艺术手段来丰富文字所无法表达的内容，以水墨画、油画、水彩、水粉、版画、剪纸、年画、素描、速写、卡通吉祥物等艺术形式来弥补文字表达之不足，以插图画家自由的个性、强烈的主观意识来体现书籍内容的精神，以形式美感来提升书籍的品位，并使读者获得审美、愉悦的感受（图 6-42、图 6-43）。

图 6-40　文学艺术类插图设计　佚名

图 6-41　《蛮荒世界》插图　李由

图 6-42　插图设计　Ray Ameijide（美国）

图 6-43　艺术类插图　佚名

3. 科技类书籍插图的艺术特征

科技类书籍插图最突出的特点是精准无误。它甚至可以通过工程图、平面图、配置图、构造图、系统图、截面图、透视图、全景图、概念图、线路图、地形图、分布图、表格图、说明图、步骤图等，将材料、质感、肌理、功能、透视、结构、方位、视角、比例、配方等都十分精确地表现出来，其表现形式丰富多彩。

这类插图以图解、说明为主，表现方法主要有摄影插图和绘画插图两类。其中摄影插图最为普遍。绘画插图则补充了摄影插图之不足，可以从不同角度将内部构造准确、直观地呈现给读者，将局部细节交代得一清二楚。

科技类书籍插图直接提供产品使用方法、产品成分、组织结构等信息。提示性插图能明确、直接地表达特定的商品内容，树立品牌形象；说明性插图能将复杂的文字表述问题转化为直观、清楚、简单的图形；科技性插图一般强调图像的结构、材质及固有色，局部细节也要交代清楚，透视关系不能过于强烈，否则容易造成视觉上的变形（图6-44、图6-45）。

第三节　书籍插图的编排

Jonathan Burton
书籍插图设计欣赏

构图是造型艺术的专有术语，即在一定的空间范围内，根据主题的需要，对人与物的关系、位置做最恰当的安排处理，使其组成一个有机的视觉整体，并具有美感效果。构图是造型艺术表达作品思想内容并获得艺术感染力的重要手段。“构图”一词，来源于西方的美术，在西方绘画中有一门课程叫作构图学。在中国传统绘画中将构图称为“章法”“布局”“经营位置”。

构图是艺术传达的第一步，这同所有的绘画一样，是造型语言的一个部分，但插图设计中的构图有着极高的自由度，版面编排设计中的许多原理、方法在插图设

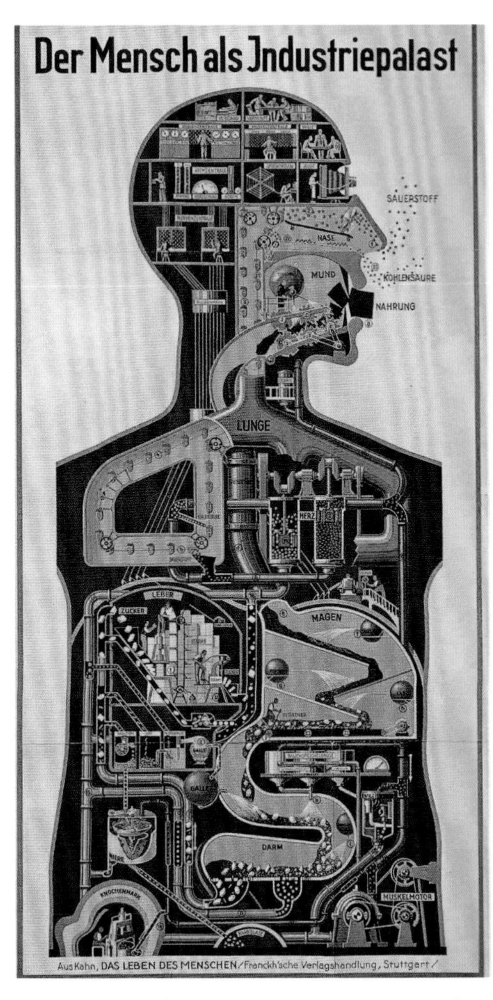

图6-44　插图设计（一）　Daniel Amold Mist（英国）

图6-45　插图设计（二）　Daniel Amold Mist（英国）

计中同样适用。对插图的分割、重组、并置、叠印等都能产生风格迥异的视觉效果，并能表达截然不同的情节和主题。

构图处理是从大处入手，而细节性处理是在构图确定之后才开始进行的，所以，一般构图处理都以小草图的形式表现。小草图只能是个大构架，限制刻画细节，可以快速记录不同的想法以供比对，然后选择最佳方案。小草图也不会给作者带来条条框框的束缚和心理压力。

插图构图的类型有满版型构图、分格型构图、中心型构图、空间型构图、对称型构图。

一、满版型构图

满版型构图是将大量独立的艺术形象交叠放置，使形象散布于画面的各个部位，甚至溢出画面。交叠放置的形式为画面增添了活力和乐趣，完整与不完整的形象均有出现，使画面显得很丰满。当以体量较大的形象满溢在画面上时，会给人以紧凑的视觉印象；当以体量较小的形象满溢在画面上时，则会给人以空旷和格调高雅的视觉印象（图 6-46 至图 6-49）。

二、分格型构图

分格型构图是指一个完整的视觉诉求由多个画幅构成，画面间有连续的意味。它主要靠不同形式的分格来割开若干子画面，并将这些子画面组织成一个整体。分格型构图可分为无明显分格和明显分格两种（图 6-50 至图 6-52）。

图 6-46　满版型构图（一）

图 6-47　满版型构图（二）

图 6-48　满版型构图（三）

图 6-49　满版型构图　Skwak（法国）

图 6-50　分格型构图　Linzie Hunter（英国）

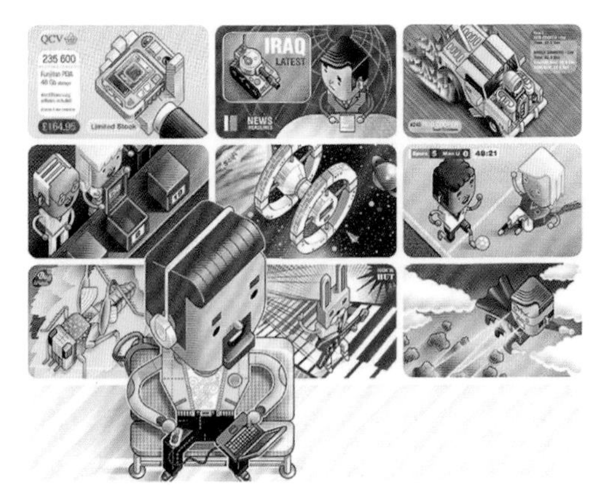

图 6-51　分格型构图　Lee Hasier（英国）

图 6-52　分格型构图　Linzie Hunter（英国）

三、中心型构图

中心型构图是指构图时围绕中心形象展开，以画面的某一部分为中心的构图。这个中心可以在画面的任何位置，其余形象围绕它散开，有些类似放射状的形式，但没有明显的放射骨架（图 6-53 至图 6-56）。

四、空间型构图

空间型构图是指用二维画面表现三维空间效果的构图（图 6-57 至图 6-59）。

图 6-53　中心型构图（一）
学生作品　李怡琳

图 6-54　中心型构图（二）
学生作品　李怡琳

图 6-55　中心型构图
学生作品　万里

图 6-56　中心型构图　佚名

图 6-57　空间型构图　Teppei sasakura（日本）

图 6-58　《故事点心》　卢欣

图 6-59　空间型构图　Ryohei Yamashita（日本）

五、对称型构图

对称型构图是把描绘的主题形象置于画面的中央，这一主题形象就是表现的中心，然后用与它相关的形象以层层环绕的形式将其包围起来。

不同的构图形式给人以不同的心理感受，依据画面内容的要求正确地选择画面的构图形式，可以起到强调画面主体的效果（图 6-60 至图 6-62）。

图 6-60　《妖精娃娃》　Yurakuru（日本）

图 6-61　对称型构图　Niark（法国）

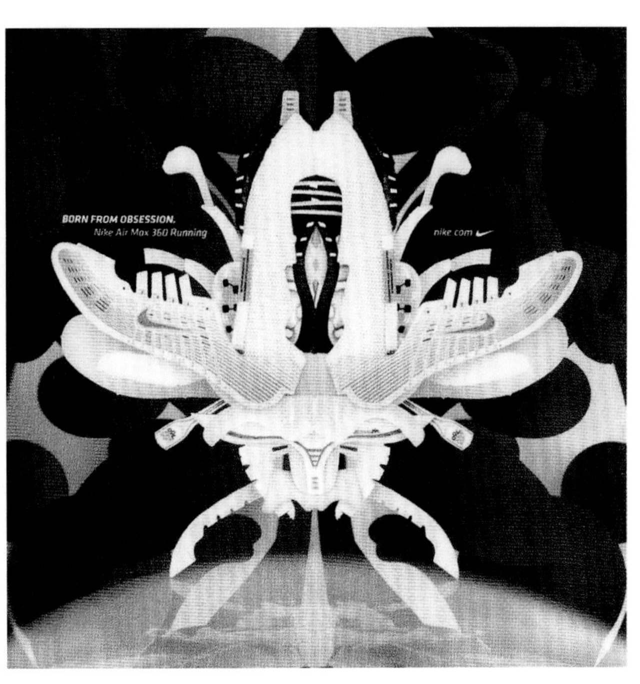

图 6-62　对称型构图　芊芊

第四节　书籍插图设计的方法

一、幽默与夸张

Paula Becker 儿童图书插图设计欣赏

幽默是一种善意的微笑，是运用夸张、比喻、置换、对比等手段，通过反映社会日常生活中的某些现象和凡人小事，间接、含蓄地传达某种意念和信息。它一般不含强烈的褒贬情绪，是一种中性的表现手段。幽默是以轻松戏谑但又含有深意的笑料为主要审美特征的艺术表现手法，在对审美对象采取内庄外谐态度的同时，揭示被事物表面所掩藏的深刻本质。它往往运用风趣的情节、滑稽的形象，把某种事物的矛盾冲突戏剧化，或无限延伸到漫画的程度，创造出一种充满情趣、引人发笑而又耐人寻味的幽默意境。幽默手法注重格调、品位，如果格调不高，则容易失之于低级、庸俗，令人厌恶，也就难以达到预期的传播效果。

夸张是借助想象，以现实生活为依据，对被描绘对象的某种特质进行夸大处理，强化、扩大这些特质的艺术手法。夸张是把平淡无奇的事物进行艺术化的处理，化平淡为神奇，把原物的形态和大小等特征，利用变形或比喻求得神似，达到既超越实际又不脱离实际，既新颖、奇特又不违背情理的境地。夸张可以为作品注入浓郁的主观色彩和情感，使其本质更突出、特征更鲜明，常常能取得惊人的效果。但夸张要注意把握适当的尺度，要以现实生活为依据，并受人们对现实生活感受的制约，做到出乎意料，又在情理之中。要让人们准确无误地知道这是艺术夸张的手法，是虚拟的真实，而不是客观的现实；是以假乱真，而不是以假代真。总之，不能让人们产生误解，否则只会产生负面的效果（图 6-63 至图 6-66）。

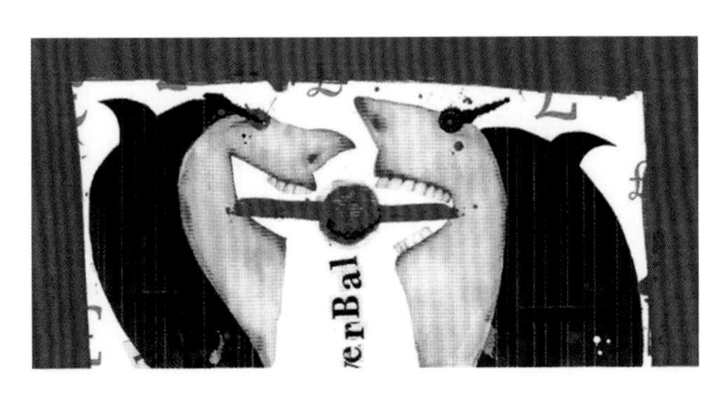

图 6-63　插图设计　Steven Pattison（美国）

图 6-64　插图设计　张昊奇

图 6-65　插图设计
Rodney Matthews（英国）

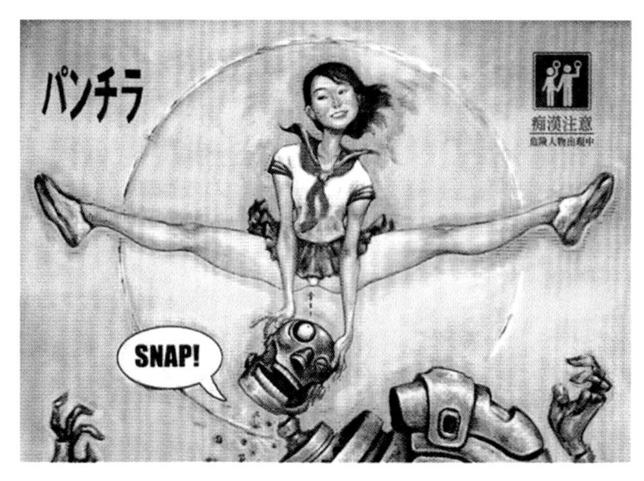

图 6-66　插图设计　Sonny（新加坡）

二、对比与统一

“对比”与“统一”是一对意思相反的词，在艺术表现中却可以紧密地结合在一起，没有对比就没有统一，没有统一也就没有对比。

对比是指画面元素与元素之间表现出的差异。在插图中，形、色以及表现技法都可以造成对比的形式美感。对比使画面产生活力，是形成视觉冲击力的关键。可以说，有变化就有对比，对比存在于画面的一切组织、形式因素之中。对比就是量的差异，这个量包含画面中的一切因素，诸如形状、位置、颜色、光影、声音、速度、空间方向等。这些差异形成矛盾和秩序，使整个画面的视觉元素以对比的形式表现出强烈的视觉冲击力。对比使画面丰富而富于变化，使形象明确而生动，能给读者带来丰富的视觉感受(图6-67至图6-69)。

图 6-67　插图设计　Messymsxi（新加坡）

图 6-68　插图设计（一）　Yok Furusho（日本）

图 6-69　插图设计（二）　Yok Furusho（日本）

统一更多的是追求各个元素之间的相似性，从视觉形式上看，指的是画面中一切因素的统一。画面中元素出现的种类越少、越接近，呈现的统一性就会越强。统一是一件作品成功的保证，它可以协调画面中各部分的力量对比，使之统一在一个完整而有序的规则中，形成一幅完整的插图设计作品。

对比与统一的形式美体现为整体协调和强调，以及形、色和表现技法等的差异树立与消除。没有对比就没有统一，反之亦然。有统一才有秩序，有对比才有生气。造型形状的对比，色彩上色调、色相、明度和纯度的对比等，都会对内容起作用。运用在插图上，加大对比可以使视觉鲜明、突出；弱化对比可以使视觉平淡、冲突小；加大对比可以使插图特征显著；弱化对比可以使整体协调（图 6-70 至图 6-72）。

三、重复与渐变

重复是指在一个画面中使用一个形象或几个相同的基本形进行平均的、有规律的排列组合。它可以利用重复骨骼来进行形象、方向、位置、色彩、大小的重复构成。重复是一种变化的形式，它一般是指在同一设计中，相同的形象出现两次或两次以上的情况。在插图设计中重复是常用的手法，以加强给人的印象，造成有规律的节奏感，使画面统一、和谐。重复现象在日常生活中到处可见，如高楼上一个个的窗户、操场上整齐有序的队列等。在艺术领域里重复现象也大量存在，音乐中往往运用节奏的重复出现，带来活泼、跳跃、有序的美感，使人从中获得美的熏陶（图 6-73 至图 6-76）。

渐变是指基本形或骨骼逐渐地、有规律地变化。渐变的形式给人很强的节奏感和审美情趣。渐变在日常生活中随处可见，是一种很普遍的视觉现象。透视的原理使物体出现近大远小的变化，例如，公路两边的电线杆、树木，建筑物的阳台，铁轨的枕木延伸到远方等，都具有渐变的形式特点。

图 6-70　插图设计　Teppei Sasakura（日本）

图 6-71　插图设计　Zain7（日本）

图 6-72　插图设计　戴源亨（中国台湾）

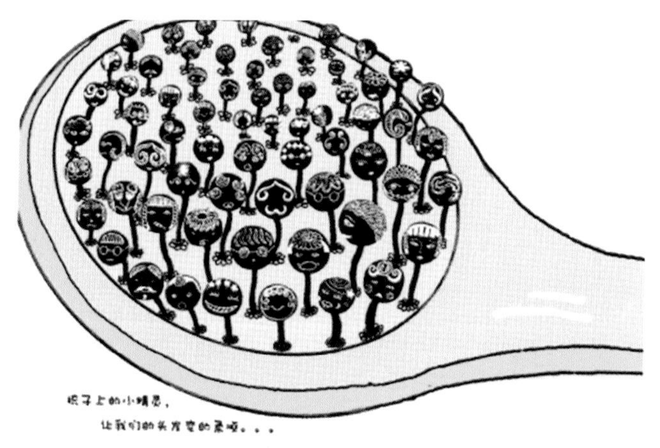

图 6-73　插图设计　孟岩

图 6-74　插图设计　Graham Carter（英国）

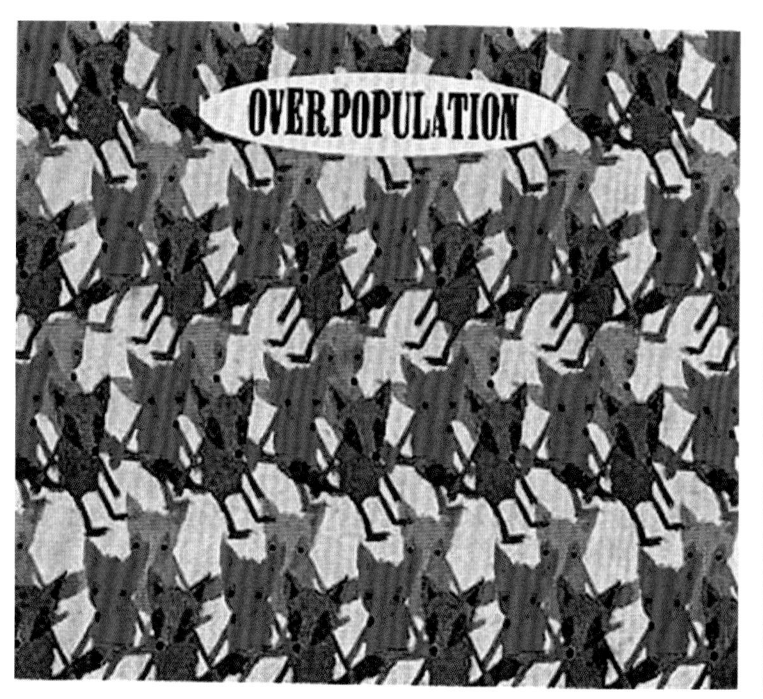

图 6-75　插图设计　Maria Luisa Isaza（哥伦比亚）

图 6-76　插图设计　Jared Nickerson（加拿大）

渐变是一种规律性很强的现象，这种现象运用在视觉设计中能产生强烈的透视感和空间感。渐变的程度在插图设计中非常重要，渐变的程度太大、速度太快，就容易失去渐变所特有的规律性的效果，给人以不连贯和视觉上的跃动感。反之，如果渐变的程度太小，就会给人重复感，但适当小的渐变在设计中会显示出细致的效果。

渐变的内容非常广泛，从形象上讲，有形状、大小、色彩、肌理方面的渐变；从排列上讲，有位置、方向等的渐变。形状的渐变可由某一形状开始，逐渐地转变为另一形状，或由某一种形象渐变为另一种完全不同的形象。可以说，渐变的方式是灵活而多样的（图 6-77 至图 6-79）。

四、节奏与韵律

节奏与韵律原本都是音乐词汇。在音乐中，节奏是指互相连接的音在时间中的秩序；韵律则是指在节奏的基础上更深层次的内容和形式有规律的变化、统一。在绘画中，造型要素有规律地重复为节奏，节奏的反复连续形成韵律。插图中的节奏与韵律是指画面的形态、色彩等视觉因素有明显规律的组合。

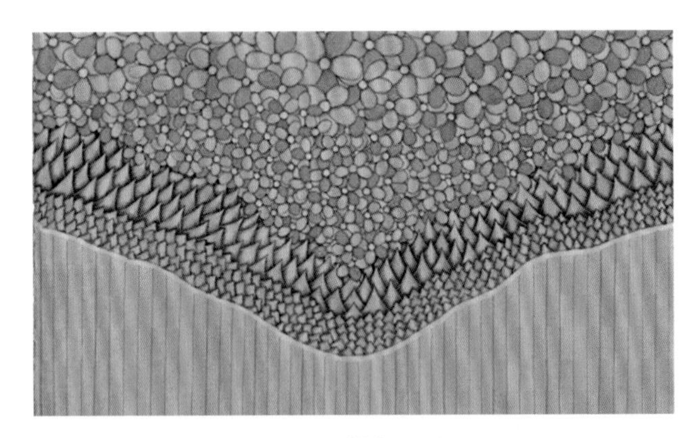

图 6-77　渐变（一）

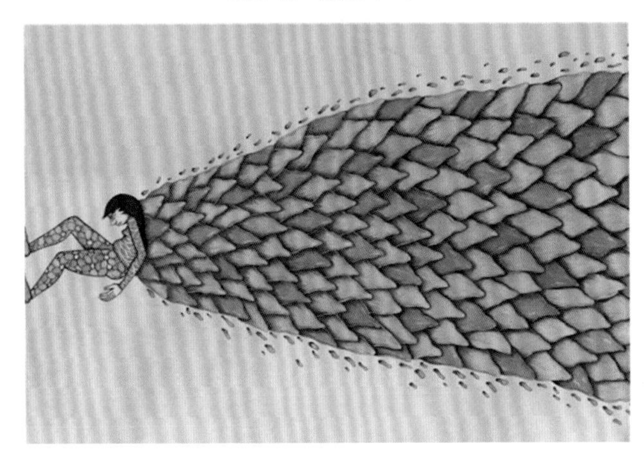

图 6-78　渐变（二）

图 6-79　渐变（三）

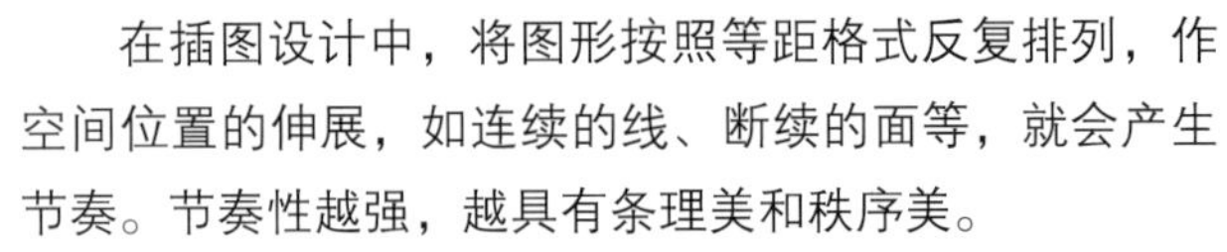

在插图设计中，将图形按照等距格式反复排列，作空间位置的伸展，如连续的线、断续的面等，就会产生节奏。节奏性越强，越具有条理美和秩序美。

节奏与韵律的形式美体现为规律性的变化，是为了既有视觉的变化又不失单调。其在插图中表现为形象或者某种造型元素的重复和变化的重复，通过对形态的强弱大小、色彩的浓淡寡艳、视觉的反差对比来完成，通过重复规律、渐变规律、起伏规律（对单位元素作规律性的增加或递减，形成体量或视觉上强弱的层次感）构成韵律感。

节奏与韵律是互相依存、互为因果的。节奏强调的是规律性，而韵律强调的则是变化性。韵律是在节奏的基础上丰富，节奏是在韵律的基础上发展。一般认为节奏带有一定程度的机械美，而韵律又在节奏变化中产生无穷的情趣（图 6-80 至图 6-83）。

图 6-80　插图设计　Florian Bayer（英国）

图 6-81　插图设计　Yuko Shimizu（日本）

图 6-82　插图设计　Owen Schumacher（荷兰）

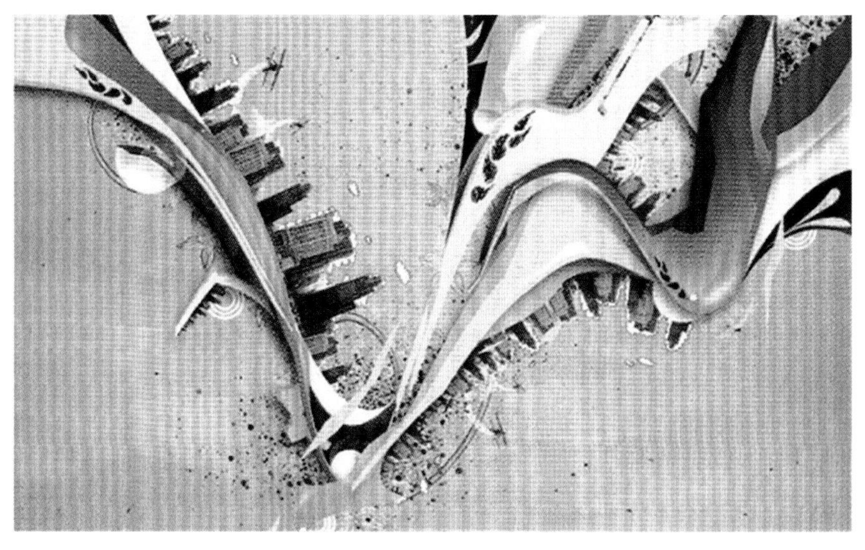

图 6-83　插图设计　Mike Harrison（英国）

第五节　中国传统元素在书籍插图设计中的应用

中国传统元素是中华民族几千年文明的结晶，是在中华民族融合、演化与发展过程中逐渐形成的具有中国人文精神和民族特质传统的文化成果。其中包括有形的物质符号和无形的精神内容，即物质文化元素和精神文化元素。物质文化元素包括中国红、象形文字、甲骨文、中国书法、吉祥图案、印章、中国画、剪纸、皮影、戏剧、脸谱、古家具、陶瓷、建筑等。精神文化元素包括哲学、伦理思想、道德、价值体系、宗教信仰、民俗等。这些中国传统元素在产品包装、书籍装帧、服装设计等艺术设计领域中被广泛应用，一些饱含东方文化韵味的艺术作品，已成为设计中的精品，被世人瞩目，令人回味无穷。

一、中国传统元素在现代书籍设计中的表现形式

中国传统元素其实应更准确地称为中国传统视觉元素，主要是指在艺术作品活动或活动中可被表现的视觉符号，包括色彩、形象、图形等，以及可被展现的精神文化，包括民俗文化、思维方式、价值观念、行为举止等。这种视觉元素不仅指肉眼可见的形式层面，还包括抽象的精神层面，但其无论怎样表现，都能与“中国”二字构建起联想。

书籍作为许多人可以拥有和欣赏的表达传统文化的最佳媒介，历来与传统文化有着深厚的渊源。中国敦煌遗迹中的书籍就是收录与吸取了当时最优秀的文化元素，从而产生出极其经典且最具创造性的艺术设计。从这种意义上来说，现代书籍设计也只有植根于本民族的文化，从中汲取丰富的养分和智慧，才能产生最优秀、最受大众欢迎的艺术设计。例如，全国装帧金奖作品《小红人的故事》一书（图 6-84、图 6-85），设计者独具匠心，设计一抹红色，整体上下，从函套至书芯、从纸质到装订样式、从字体的选择到版式排列，以及封面上的剪纸小红人，无不浸染着传统民间文化浓厚的色彩。设计者将中国设计元素与书中展现的神秘而奇瑰的乡土文化结合起来，使两者浑然一体，让读者越读越能感觉出其中的丰盛滋味。整体设计淳朴、浓郁，极具个性特色。

具体而言，中国传统视觉元素在现代书籍设计中的应用与表现形式主要体现在三个层面。第一，从应用元素来看，中国绘画、汉字、书法、篆刻、印章、图腾、祥云图案、中国结、秦砖汉瓦、京戏脸谱、皮影、中国漆器、汉字竹简、文房四宝、剪纸、风筝、如意纹、中国刺绣、凤眼、彩陶、紫砂皿、中田瓷器、石狮、唐装、筷子、金元宝、如意、八卦等都能成为现代书籍设计的素材与元素。第二，从应用形式来看，传统视觉元素的造型、构图、色彩可成为现代书籍设计优先考虑的运用形式。第三，从应用手法来看，通过对传统视觉元素直接运用、形式借移、元素再造、神韵传承四种运用手法的使用，现代书籍的艺术设计一定更具内涵，更加美观。

图 6-84　《小红人的故事》　全子

图 5-86　《小红人的故事》　全子

二、中国传统元素在现代书籍设计中的创新

追求最美好事物的精神，无论是过去还是现在都是相同的。传统要与现代不断融合，才能发挥其魅力。传统元素也要与时俱进，甚至还要基于全新的概念和技术来完成蜕变。也就是说，传统的本质是基于窥探未来的精神，从传统中寻求创造潜能，挖掘想象力和智慧，进行现代书籍的设计已变得很重要。

1. 视觉美的创新

在继承传统视觉元素内涵的基础上，为了使书籍艺术设计更美观，可以进行一些设计手法上的创新。一些现代书籍在对吉祥视觉元素符号的象征意义进行传承时，通过对某一主体形象进行再次创新、改造的同时，还用形象的实物或用抽象的符号艺术形式表现更加深远、更加隐晦的象征意味。例如，表现吉祥的意味，可以考虑书籍的封面图形设计采用源于佛教八室的“八吉祥”之一的“盘长”的造型，取其“源远流长，生生不息”之意，通过这种吉祥寓意的沿用，同样可以传达现代人对美好事物心存向往的设计理念，使现代设计多一些文化气息和亲和力。

2. 中国文化的创新

中国传统视觉元素的风格变化较为缓慢，但并不能因此忽视或反对创新。实际上，随着社会的不断发展进步与开放发达，传统视觉元素也在个性化创新中发展前进，只不过这些创新被掩盖在继承和承袭之下，不为我们所察觉罢了。其实，现代书籍设计在运用传统水墨艺术时，也重视将古典情愫与现代设计理念进行融合，体现出中国传统文化与现代商业文化的和谐对话。

书籍装帧在中国已经有很长的历史了，走过了从简到繁、从平到精的装帧过程，人们也越来越认识到其以小见大表达文化内涵的重要性。随着社会的发展和进步，书籍装帧的形式和内容也将多元化地呈现在人们面前，无论怎样变化，书籍装帧作为一种精神文化的载体、一种时代文明的象征，应始终保留民族传统文化的精髓。将中国传统文化元素与书籍装帧有机结合，是书籍装帧的时尚与传统、和谐与完美的价值追求。尊重书籍，善待书籍，是中华民族的传统，也是炎黄文化得以传承之所在。只有不断进取，才能将中国的传统装帧艺术发扬光大，创造出属于中国的装帧艺术风格，从而使具有中国传统元素的书籍装帧在世界文化领域中占有一席之地。

思/考/与/实/训

1. 插图的概念是什么？
2. 插图的类型有哪些？
3. 插图的艺术特征是什么？
4. 插图的设计方法有哪些？
5. 选一篇小说、散文或童话作插图练习。

CHAPTER 7

第7章 书籍印刷与装订

学习目标

了解书籍的印前工艺、印刷工艺、装订方式。

第一节　书籍的印前工艺

一、原稿数字化

过去，设计好的图形、文字要通过手工排列照相制版才能成为印刷品；后来，激光照排代替了人工操作；现在，数字化技术的发展使得书稿制作、图像输入、图文信息处理、出版软件系统以及菲林制作甚至制版印刷都向数字化、自动化靠拢。只要了解了整个出版系统的操作流程，掌握了将设计创意和书籍材料转变为数字信息的方法，就可以实现过去需要长时间手工操作并且还未必能够实现的效果。

1. 文字

文字的数字化，一般比较简单，除了手工键盘输入外还可以采取文字识别等设备，不过文字识别的软件和仪器对于被识别文字本身的清晰度和可识别性也有一定的要求。现在文字输入已经基本普及，各种文字编码系统和字库也都比较完善，所以对于设计师来说，文字的处理已经不是很复杂的工作了。

不过要指出来的是，针对苹果计算机和PC机两种系统的用户来说，用两种系统切换处理文本时容易出现字体无法识别或乱码等问题，在更换系统或者将文本输入排版软件时最好仔细检查文本文件，以免出现不必要的错误（图7-1、图7-2）。

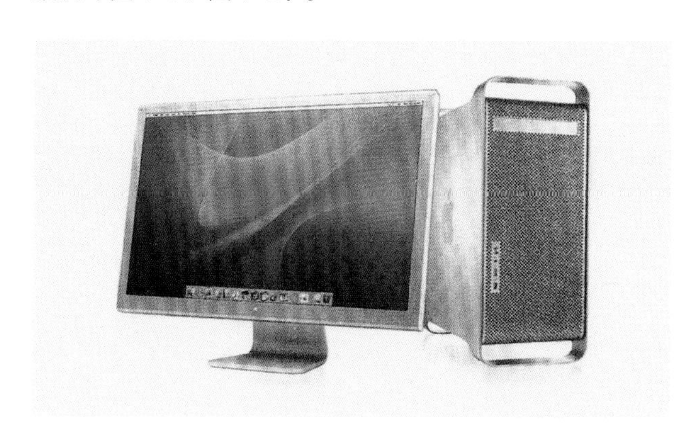

图7-1　苹果计算机

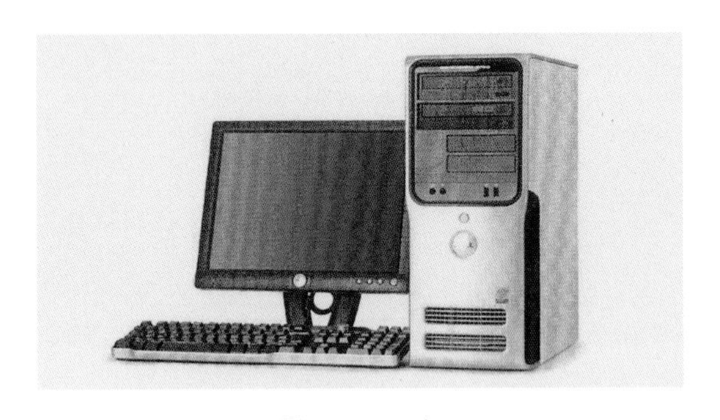

图 7-2　PC 机

2．图像

有多种方式可以实现图像的数字化，最常用的就是使用数码相机和扫描仪进行图像的采集和输入。值得注意的是，数码相机采集的图像用于印刷时，需要注意图片的质量。首先，数码相机的性能以及摄影者的技术水平决定了图片的质量，使用性能较好的相机，在图像清晰度和色彩还原性上才有较好的表现；其次，要注意拍摄照片像素值的设置，像素值太低的图片往往不能放大，即使放大，也不能达到印刷的要求；再次，数码摄影对于暗部和高光的层次记录可能会力不从心，所以对于摄影者来说，正确把握光线的强弱和角度，控制曝光值也相当重要；最后，捕捉生动有趣的瞬间，采集尽可能多且精的图片对于书籍的质量也有较大影响，丰富和优秀的素材，会为书籍设计提供更多的灵感和可能性。

当然，为了提高图书的质量，图片的数字化最好采用更加专业的扫描设备。此外，由于普通扫描仪的色彩控制原理和印刷色彩原理存在差距，容易产生色彩的偏差，所以在扫描之前也可以通过对原稿色彩和明暗层次的分析，有针对性地分通道设置扫描仪的信息，并且在扫描之后用图像处理软件分析图像各通道的明暗、层次，以及色彩的平衡，通过反复校准使得图像准确还原。如果原稿的尺寸较大，又要得到较高质量的数字图像，最好使用滚筒式电子分色扫描仪进行扫描。由于它的扫描原理和四色印刷的原理一致，不会造成太大的偏差，并且容易调整，所以已经成为高质量印刷的必要设备（图 7-3、图 7-4）。

二、图文信息处理

从信息的数字化到出菲林胶片，还有一些重要的工作要做。其一，面对拿到手的原始材料的电子文件，设计师要对其进行归纳、整理，以便在图文编排的时候能够有一个清晰的工作条理。这对于书籍制作而言很重要。其二，手中所有的图片和文字都需要经过检查和校对。

三、输出

书籍电子文件制作的最后一个步骤，就是将编排好的书籍文档输出，准备出片、印刷。首先，要了解印刷使用的基本格式，这直接关系到印刷的效果。其次，在出片以前要检查全部文件，确保万无一失。最后，要做好和责任编辑、印刷厂商以及客户方的沟通，明确各部分责任，毕竟出片印刷后就要产生经济费用，所以千万不要自作主张。

第二节　书籍的印刷工艺

一、出片、打样

随着数字技术的发展，现在的印刷已经不再使用

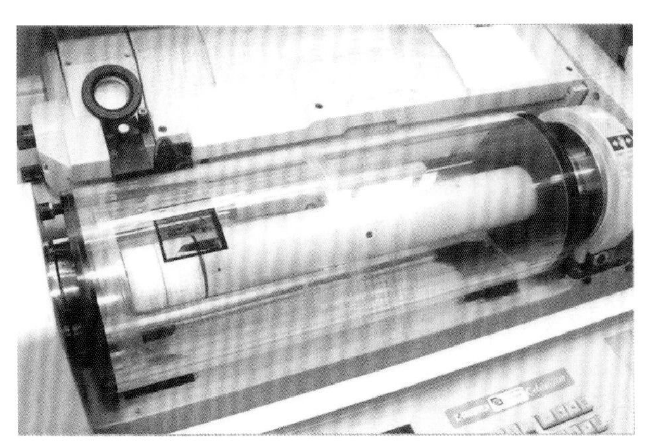

图 7-3　滚筒式电子分色扫描仪

图 7-4　台式扫描仪

传统的照相方式，取而代之的是数字化的输出方式，以及激光照排机和出菲林片。桌面排版系统（DTP）为书籍的设计制作带来了更为快捷、方便的技术，相应的 RIP（栅格图像处理器）加网以及激光照排机的使用，也大大方便了胶片的制作。只要将完成的电子文件以 PostScript 语言输出至 RIP 上转换为加网图像，再通过激光照排机使胶片感光就完成了需要的菲林片制作（图 7-5）。这种结合传统制版工艺和数字化处理的输出方式已成为印刷界的主流。此外，为了避免胶片印刷带来的诸多缺陷，让印刷的流程更加简化、更为精确、更加环保，目前无菲林印刷正在逐步推广应用。其中包括计算机直接制版、计算机直接成像、数字化印刷等。

Smokeproof Press
凸版印刷作品欣赏

打样就是通过一定的方法从拼版的图文信息复制出校样的工艺，是印刷工艺中用于检验印前制作质量的必经工序。打样不仅为印前的工序提供了必要的特性参数，还给客户提供了校审的样本（图 7-6）。

二、制版

1. 常用制版工艺

制版工艺主要分为图片制版和文字制版两大部分。早期制版是活字排列组版，后来以照相方式来制作锌凸版，而近代是最普遍的平版印刷，其先经过数码打印校对之后，再分色出菲林，能够最大限度地还原图片色彩（图 7-7、图 7-8）。

2. 特殊制版工艺

（1）特殊网屏。特殊网屏是印刷设计人员进行图像创意的重要手段。常用的有沙目网屏、波浪网屏、直线网屏、垂直线网屏、同心圆网屏、帆布纹网屏、亚麻布网屏、砖纹网屏等，是设计师根据特殊效果需要而设计的。特殊网屏的应用可改变设计产品中单调的图片表达方式，由富有变化的网屏去改变图片所给予人的感觉，从而达到设计者所要表达的意图。它常被应用于处理刊物、海报中的一些模糊图片（图 7-9）。

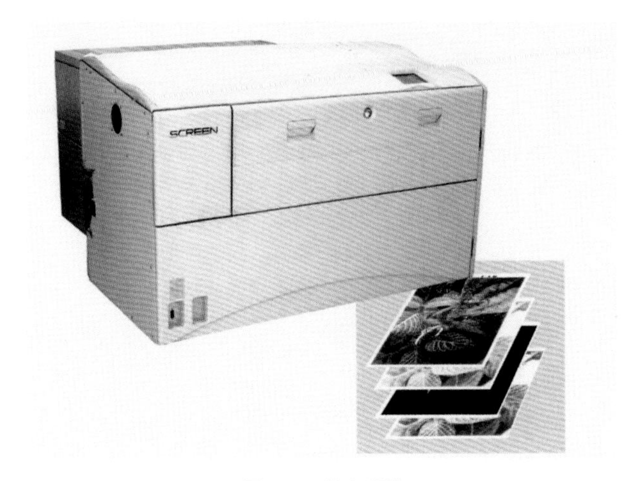

图 7-5　激光照排

图 7-6　数码打样机

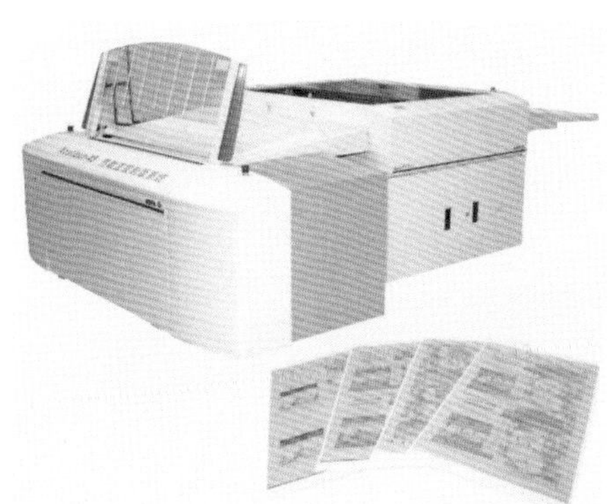

图 7-7　分色菲林

图 7-8　晒版

图 7-9　特殊网屏

（2）连续调变成高反差。在各种印刷方式中，对图片的处理都可以网点的方式来保存其原有的阶调，经过网点处理的图片会使整个图片的层次更丰富，明暗对比适当。然而，在海报设计中，有时可利用制版底片的特性来改变整个版面的阶调，获得特殊的效果。

（3）版调转换。印刷设计品中对图片的阶调处理并不是一成不变的，有时借着图片阶调强弱的变化，反而可衬托出某些图片或是文字的意义，以此达到版面设计的效果，这种方式在刊物设计中经常运用。不管是彩色或黑白的图片，皆可借版调的变化制作出衬底效果；也可以把图片的明暗对比拉大，做出硬调的效果。利用分色形式适当地减少图的层次进行淡设计，能突出主题、丰富画面，获得特殊的效果，是印刷设计独具的表现手法。

三、印刷类型

1. 凸版印刷

凸版印刷简称“凸印”，也称“铅印”，是利用凸起的部分为印版的印刷方式。凸版印刷的方式主要有木刻雕版印刷、铅活字版印刷和感光树脂版印刷。现代工业化的凸版印刷以感光树脂版印刷为主（图 7-10）。

2. 平版印刷

平版印刷源于石版印刷，于 1789 年由巴伐利亚作家逊纳菲尔德发明。石版印刷运用油水相斥的原理，将石版或印版表面的油墨直接转印到纸张表面，着墨图像印在纸上，吸水部分不留下痕迹。平版印刷不同于凸版和凹版印刷，其印版几乎处于同一平面上，不直接接触承印物，印刷中印版先印到橡胶辊上，形成反像图，然后经过压印滚筒将橡胶布上的图像转印到承印物上。平版印刷主要用于书籍、杂志、包装等印刷工艺中(图 7-11)。

3. 凹版印刷

凹版印刷简称“凹印”，按照制版方式分为雕版凹版、照相凹版和蚀刻凹版。凹版印刷的印版图文部分低于印版表面，主要应用于书籍、产品目录等精细出版物，而且也应用于装饰材料等特殊领域，如木纹装饰、皮革材料等（图 7-12）。

图 7-10　凸版印刷

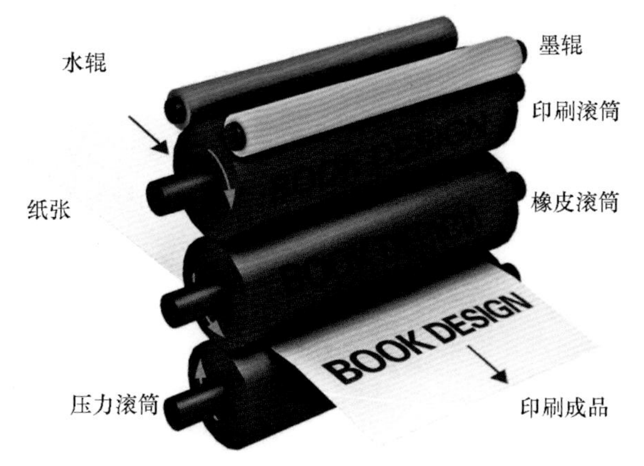

图 7-11　平版印刷

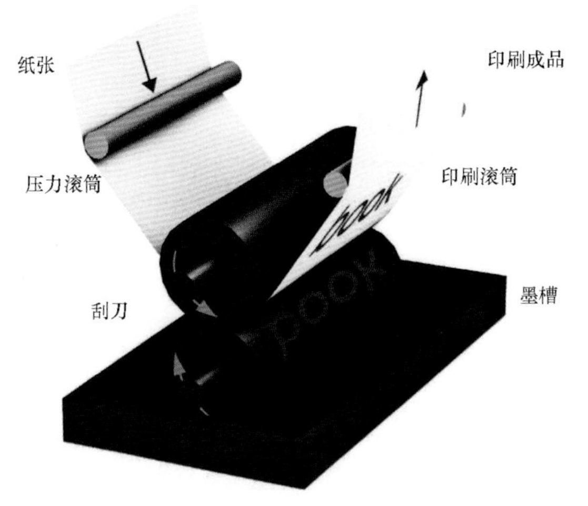

图 7-12　凹版印刷

4. 丝网印刷

丝网印刷简称“丝印”，是油墨在强力作用下通过丝网漏印形成图像的印刷工艺。丝网印刷的特点：其一，印刷适用范围广泛。既可在平面上印刷，也可以在曲面、球面及凹凸面的承印物上进行印刷；既可以在硬物上印刷，也可以在软物上印刷，不受承印物质地的限制。其二，墨层厚实，立体感强，质感丰富。其三，耐光性强，色泽鲜艳，油墨调配方法简便。其四，印刷幅面较大（图 7-13、图 7-14）。

四、特殊工艺

特殊工艺主要应用于印后，一般包括覆膜工艺、上光工艺、烫金工艺、凹凸压印工艺及敷膜工艺等技术。印后工艺的使用会对书籍的整体效果起到画龙点睛的作用。

1. 覆 UV

UV 上光是印刷行业的一个术语，主要是指在印刷品后期处理时，让印刷品表面或局部具有极高光泽度与一定质感的加工工艺。UV 上光也称紫外线上光，它是以 UV 专用的特殊涂剂精密、均匀地涂于印刷品表面或局部区域，再经紫外线照射，迅速干燥、硬化而成的。

覆 UV 是指在印刷品表面覆膜后再在整体或局部表面上一两次光油，使印刷品表面获得一层光亮的 UV 光油膜层的方法。覆膜后的产品再上一层 UV 光油能够增强印刷品油墨的耐光性能，以提高印刷品的光泽和立体感，形成强烈对比。覆 UV 的对象既可以是满版也可以是局部区域（图 7-15 至图 7-17）。

2. 上光油

上光油是指在印刷品表面涂上一层无色透明涂料的加工工艺。上光油后的印刷品表面显得更加光滑，油墨层也更加光亮。同时，上光油工艺可以提高印刷品表面的光泽度和色彩纯度，提升整个印刷品的视觉效果。

采用上光油对印刷品表面进行加工，还能对印刷品表面起到保护作用，减少印刷品在日常生活中由于摩擦而产生的色彩脱落等现象。印刷品经过上光油后，还能提高色彩吸收能力，同时也加快了油墨干燥的速度。一般来说，上光油工艺包括光泽性上光、亚光上光和特殊涂料上光三种（图 7-18）。

3. 烫金

烫金又称“烫箔”或“过电化铝”，是利用模具并借助一定的压力与温度，将金属箔片或颜料箔烫印到印刷品上的加工工艺。在加工过程中，金属模具在压力与温度的作用下使箔片的色素与基膜分离，从而使图文部分迅速从模具上脱落，转移到承印物上。烫金包括两种形式，一种是平压烫金，另一种是浮雕烫金（图 7-19 至图 7-22）。

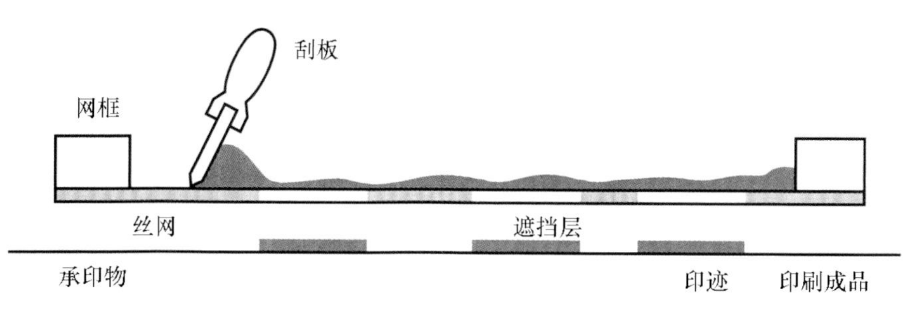

图 7-13　丝网印刷程序

图 7-14　丝网印刷机

图 7-15　松本弦人设计作品（日本）

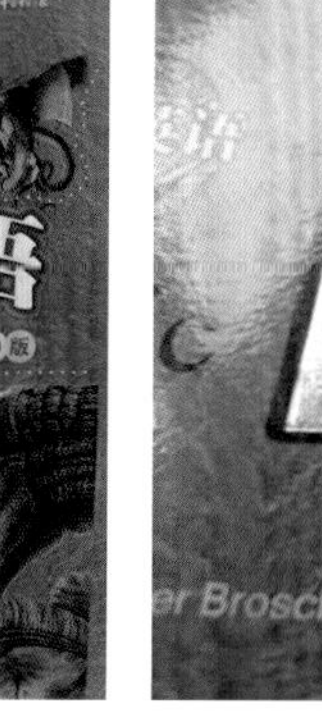

图 7-16　覆 UV（一）

图 7-17　覆 UV（二）

图 7-18 《中国现代陶瓷艺术》 吕敬人

图 7-19 《西域考古图记》 吕敬人

图 7-20 烫金（一）

图 7-21 烫金（二）

图 7-22 烫金（三）

平压烫金是一种最常见的烫金形式，可以在承印物上形成一层很薄的烫金效果，且承印物背面不会有任何烫压的痕迹。浮雕烫金是指烫金模具可以进行浮雕加工，在模具上形成高低纹理效果，利用这种模具可以在承印物上形成非常精致的烫金浮雕效果。

4. 凹凸压印

在书籍设计中，可以通过一种特殊工艺使平面印刷物上呈现立体的三维凸起或凹陷的效果，这就是起凸和压凹工艺。这种工艺可造成纸面的浮雕效果，强化平面中的设计元素，增强设计的视觉感染力。根据起凸和压凹的原理，这种工艺一般适合在厚纸上加工，以保证浮雕的效果及耐磨性（图 7-23 至图 7-25）。

5. 敷膜

敷膜是指在印刷品上覆上一层塑料膜。敷膜又可分为光面和亚面。光面有亮度因而称为“光胶”。亚面无光泽，手感好，成品平整，价格略高于光胶。敷膜方法应用极为普遍，但是薄纸敷膜后易卷曲，建议做封面时最好加大勒口或加厚纸张（图 7-26）。

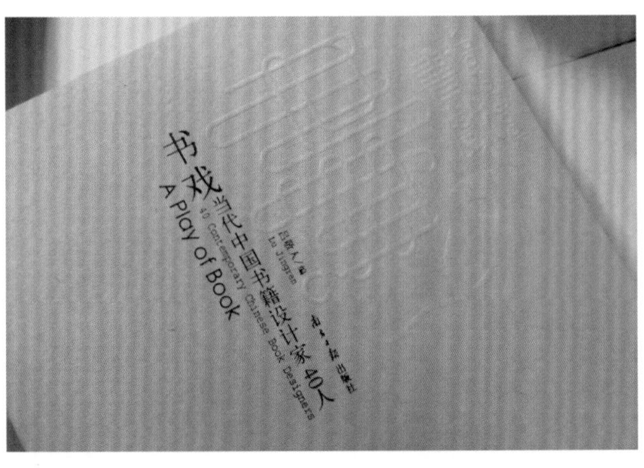

图 7-23 《书戏》 吕敬人

图 7-24 《钱学森书信》 吕敬人

图 7-25 《世界汉学》 吕敬人

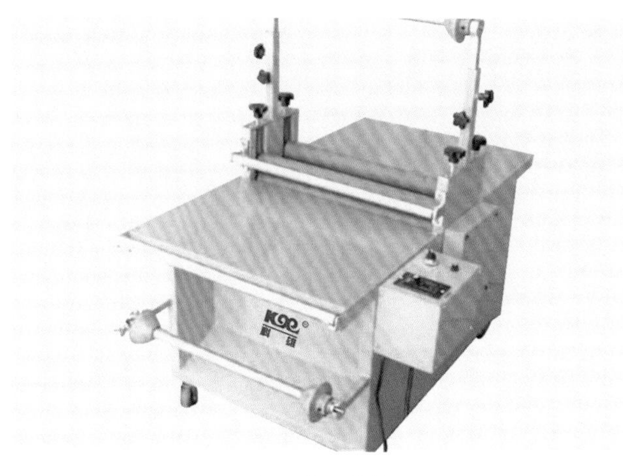

图 7-26 敷膜

第三节 书籍的装订

装订是书籍从配页到上封成型的整体作业过程，其中包括把印好的书页按先后顺序进行整理、连接、缝合、装背、上封面等加工程序。

古代书籍装订的演变史

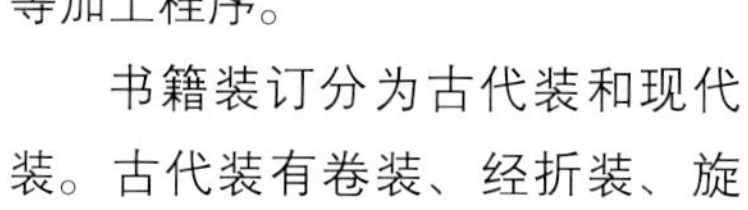

书籍装订分为古代装和现代装。古代装有卷装、经折装、旋风装、蝴蝶装、线装、包背装等；现代装有平装、精装、活页装、散装、简装、盒装、特装等。古代装在第一章里已作介绍，这里主要介绍现代装的几种类型。

一、平装

平装是目前普遍采用的一种装订形式，装订方法简易，成本较低，常用于期刊和较薄但印数较大的书籍。平装书籍一般采用以下几种装订方法：

（1）骑马订。书页仅仅依靠两个铁丝钉连接，没有背脊。因铁丝易生锈，所以牢度较差。骑马订适用于页数不多的杂志和小册子。

（2）平订。平订是在靠近书脊的版面用三眼线订或铁丝订。因铁丝易锈蚀以致书页松散，现已少用。另外，平订需占用一定宽度的订口，使书页只能呈“不完全打开”形态，书册太厚则不容易翻阅，一般适用于400 页以下的书刊。

（3）锁线订。锁线订又叫作串线订，书芯虽然比较牢固，但由于书背上订线较多，所以平整度较差。锁线订适用于较厚的书籍，但成本较高。

（4）无线胶黏订。无线胶黏订也叫作胶背订、胶黏装订。由于其平整度很好，目前大量书刊都采用这种装订方式。但由于热熔胶质量没有相应的行业标准或国家标准，使用方法还不规范，故胶黏订书籍的质量尚没有达到令人满意的程度，日子长了，乳胶会老化，从而导致书页散落。

（5）锁线胶背订。锁线胶背订又叫作锁线胶黏订，装订时将各个书帖先锁线再上胶，上胶时不再铣背。这种装订方法装出的书结实且平整，目前使用这种装订方法的书籍也比较多。

（6）塑料线烫订。这是一种比较先进的装订方法，其特点是书芯中的书帖经过两次黏结，第一次黏结的作用是将塑料线订脚与书帖纸张黏合，使书帖中的书页得以固定；第二次黏结是通过无线胶黏订将塑料线烫订的书芯黏结成书芯，这种办法订成的书芯非常牢固，并且由于不用铣背打毛，减少了胶质不良对装订质量的影响。

我们常见的杂志都采用骑马订；线装类、铁丝装类属于平订；锁线胶订常用于大型画册，牢固，但装订速度慢；无线胶黏订常用于高档小型画册，过厚的书在多次翻折后易脱胶（图 7-27）。

二、精装

精装书籍在清代已经出现，是西方的舶来品。后来西方的许多书籍多为精装，如《圣经》《法典》等。清光绪二十年，美华书局出版的《新约全书》就是精装书。

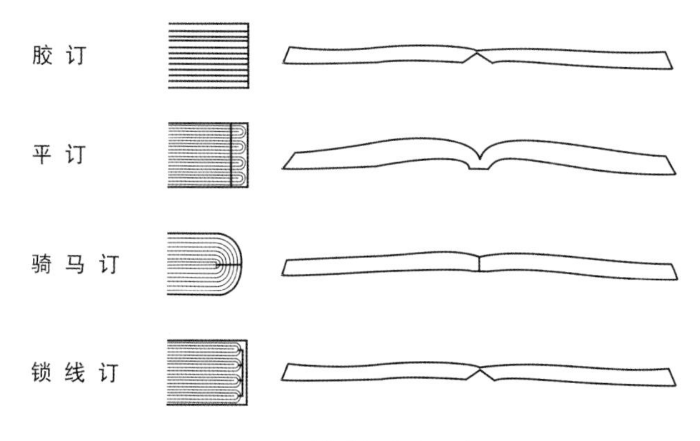

图 7-27 平装装订方法示意图

精装是指书籍的一种精致制作方法。精装书籍主要是在书的封面和书芯的脊背、书角上进行各种造型加工。加工的方法和形式多种多样，如书芯加工就有圆背（起脊或不起脊）、方背、方角、圆角等；封面加工又分整面、接面、方圆角、烫箔、压烫花纹图案等。

精装本采用硬皮作封面封底，印制精美，不易折损，便于长久使用和保存，设计要求特殊，选材和工艺技术也较复杂，但价格昂贵（图 7-28）。

三、活页装

活页装是利用金属材料或者塑料将单张散页类印刷品穿连成册的装订方法。它与传统装订方法的最大不同之处就是活页类印刷品的结构比较松散，装订后的印刷品有较好的平展性，容易分开，能实现 360° 翻转（梳型装除外），便于阅读、取用等。此类装订方法多用于穿订挂历，以及一些活页类书本、文件夹、操作手册、相册、集邮册等。根据装订后的成品形式可以分为螺旋装、夹板装、梳型装等（图 7-29）。

四、散装

散装是把零散的印刷品切齐后，用封袋、纸夹或盒子装盛起来，一般只适用于每张能独立构成一个内容的单幅出版物。例如，造型艺术作品、摄影图片、教学图片、地图、统计图表等（图 7-30）。

总之，书籍装订形式的选择要从书籍的具体要求和工艺材料出发，顾及成本和读者的方便，力求做到艺术和技术的统一，并归入书籍的整体设计之中。

图 7-28 《设计大师的对话》精装版

图 7-29 某作品的活页装

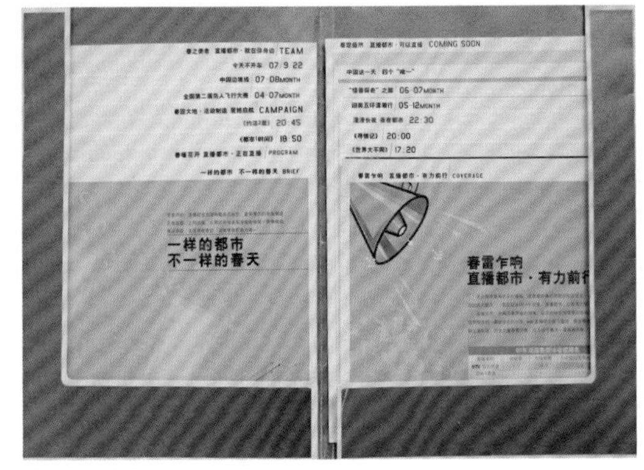

图 7-30 《直播都市》散装

思/考/与/实/训

1. 书籍印刷的类型有哪些？
2. 找出 5 种不同装订法的书籍，并分析不同装订法的工艺和特点。

第 8 章 CHAPTER 8

书籍专项设计

学习目标

了解系列书籍、立体书籍、概念书籍、电子书籍的类型及特点；熟悉各类型书籍的设计原则，并能将其熟练应用到实际的书籍设计中。

第一节　系列书籍设计

Penguin Books：莎士比亚系列图书装帧设计

设计的系列性对于书籍来说是非常重要的，既可以从设计角度体现整体与局部的和谐关系，又可以让人们在信息纷杂的现代社会迅速进行识别。书籍的系列性一方面表现为整本书籍内外设计风格的整体感，另一方面则体现为系列书籍呈现的设计的整体感。整本书籍内外设计风格的整体感主要依赖于版面的空间布白结构、字体的选择、图形的处理风格及色彩的搭配（图 8-1 至图 8-17）。

图 8-1　经典启蒙文库系列　佚名

图 8-2　《章太炎经典文存》　佚名

图 8-3　*WeAr*　李洪忠

图 8-4　《国画家》　佚名

图 8-5　《美学原理》《艺术学概论》　奇文云海设计顾问

图 8-6　*Master's Drawing*　王镜贞

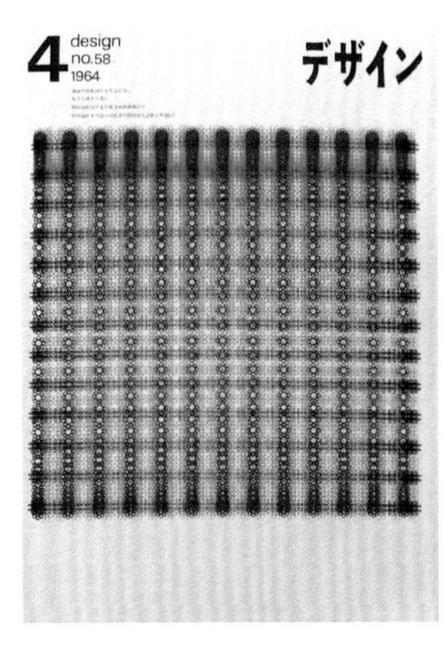

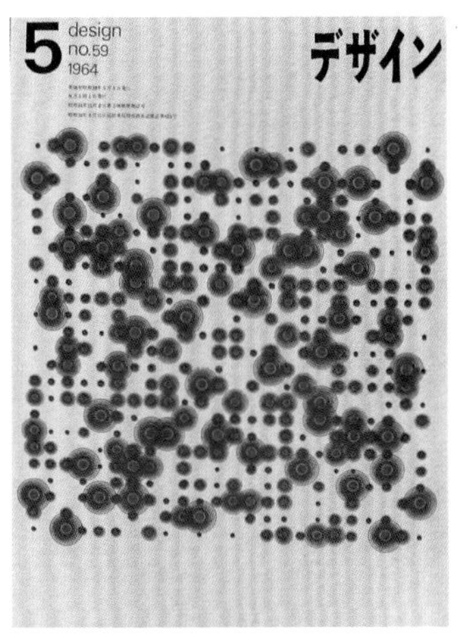

图 8-7　封面插图　杉浦康平（日本）

图 8-8　《雪桥诗话全编》　朱涛、刘静

图 8-9　《设计史鉴》　朱涛

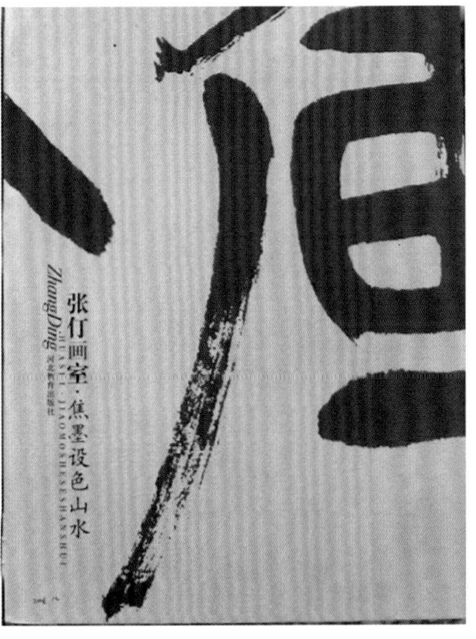

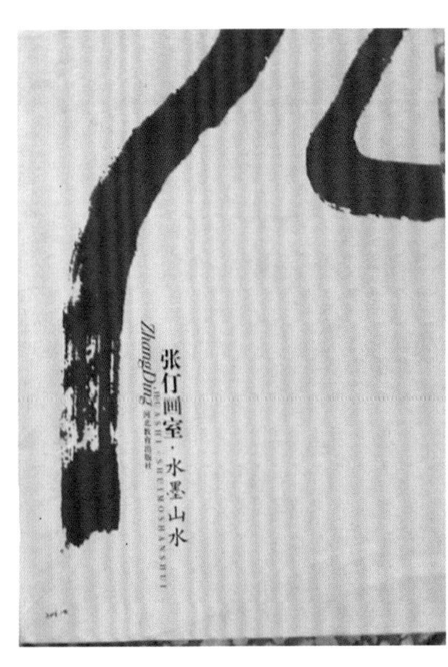

图 8-10　张仃画室系列　郑子杰

图 8-11　《中国摄影》　佚名

图 8-12　《中国书画》　李洪忠

图 8-13　*CeCI*　佚名

图 8-14　《世界美术史》　朱涛

图 8-15　封面插图　Kohei Sugiura（日本）

图 8-16 《声形漫步》 一瓢设计

图 8-17 《永玉六记》 张志伟等

系列书籍设计包括期刊、系列文集等系列化设计。期刊是一种定期印制发行的出版物，在社会上特别流行且量大，系列文集类书一般都是编著成一套多册。当然，对于系列图书有多种分类法，可以是主题系列，即所写的书是一个主题，如武侠系列、魔幻系列、爱情系列、悲剧系列、恐怖系列等；也可以是同一个作者的多部同主题的书；还可以是书中人物或情节具有连贯性的，如我们所看的《哈利・波特》；另外就是人为地把一类书籍放在一个系列，如四大名著等。

就期刊而言，一般要根据其性质确定设计风格，比如许多时尚休闲杂志往往设计新潮、色彩艳丽，而理化、科普类期刊则相对理性严谨。系列书的版面编排格局一般完全一致，主题图形常常有变，而不变的则是名称、字体及其组合样式。在期与期、本与本衔接的连贯性，页的内外呼应上强调一致性，多本排列在一起，显得统一中有变化。特别是在封面的设计上都是采用同一种风格，而且文集及丛书类书籍为了便于收藏，一般都配有封套。

系列丛书设计给人们提供了一个更大的空间，细心的设计师会充分思考系列丛书的整体化设计，强化书脊设计的整体艺术风格，这样有利于提升丛书的品质。所谓整体化设计，一是系列丛书排列在一起时艺术风格应统一化，设计元素的布局与分割要完全一致，只是文字和色调有变化；二是把所有书脊看作一个完整的平面，除每个书脊的文字等功能性的必备元素之外，图形类的元素可以组成一幅完整的画面。

这里说一下书套，书套多是设计精装书或系列书时所需要的部分，材质多为稍厚的纸板，其形态也分为全包和半包多种，结构也可多变，一般书套上也会印有书名、图案等要素，主要是为了包装系列书以及体现精装书的档次感（图 8-18 至图 8-20）。

图 8-18 《第六届中国艺术节火花特辑》 尚美学院

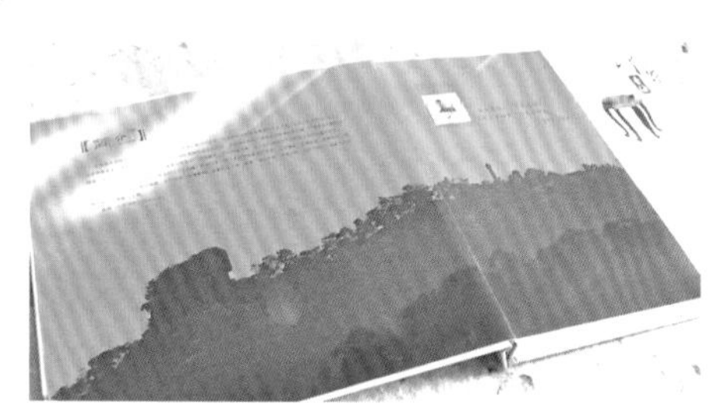

图 8-19 《印象东海》 奚正强、牛山

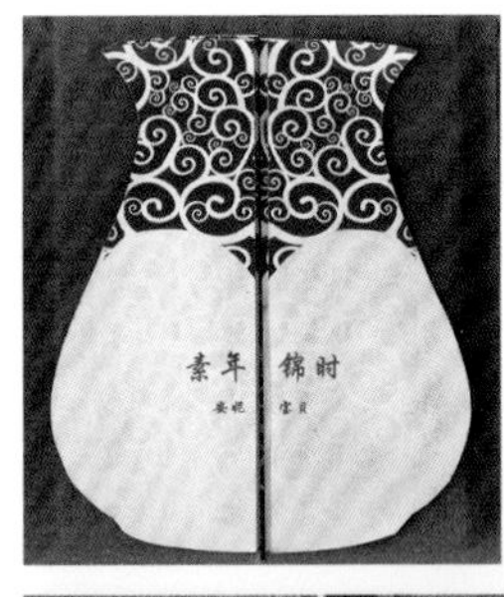

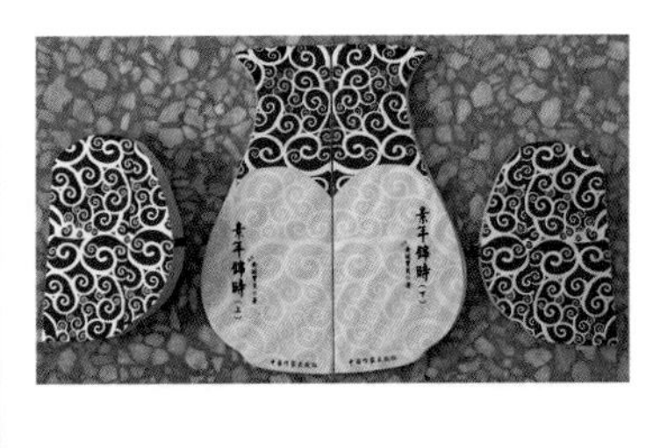

图 8-20　《素年锦时》　黄山

第二节　立体书籍设计

立体书籍突破了以往平面图书的呆板形式，在书籍内容、互动体验、立体空间方面提供了多元化的设计；读者在阅读图书时，能同时感受更多视觉变化与互动的体验，特别是在视觉上感到新鲜、有趣，可引发读者无限的想象力。立体书籍的创造是纸工程的表现手法，它是图书出版中的一个专业领域。所谓“纸工程”也可称之为“纸构成”，就是在平面构成的基础上，在二次元空间中表现三维空间与立体感，制造视觉空间感以增强页面的变化与趣味性（图 8-21 至图 8-25）。

图 8-21　立体书（一）

图 8-22　立体书（二）

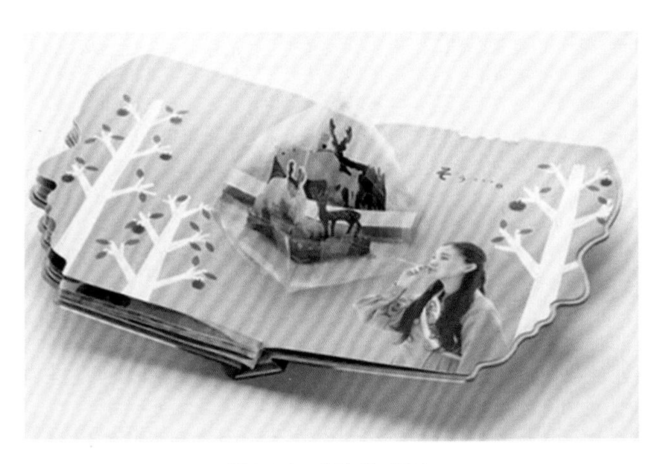

图 8-23　立体书（三）

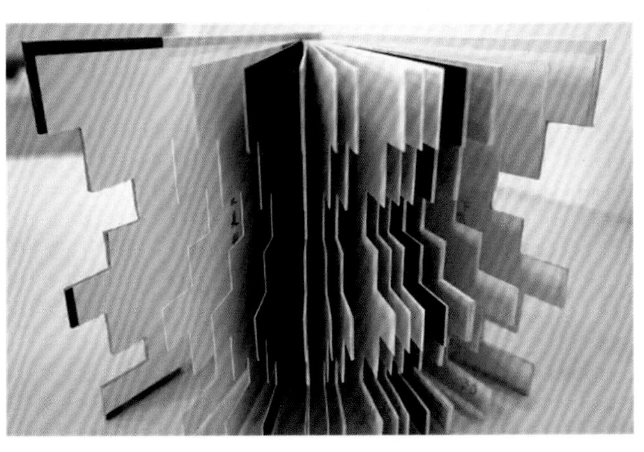

图 8-24　立体书（四）

图 8-25 立体书（五）

一、立体书籍的概念

立体书泛指翻阅时可与读者产生互动的书，也可称之为“互动书”。立体书籍在创作中加入了纸的工艺与技术等部分，让读者可以在基本的阅读行为外和书本有进一步互动的空间。立体书在外观上与一般的图画书无异，但翻开书页时，可在页面上展示三维空间造型，还可形成包括运用拉动、翻转、旋转、跳动等方式在平面图像上改变视觉效果的“可动书”。立体书籍之所以越来越受欢迎，主要是因为它需要读者的参与和互动来加深对内容的印象。

二、立体书籍的形式

根据造型结构上的设计，立体书籍可以分为翻页式、旋转式、折叠式、观景式、全景式、插页式、跳立式、拉杆式以及综合概念式。

（1）翻页式。翻页式是立体书籍最早的形式，页面以水平或垂直分割成若干面，使插图可以任意安排，产生许多不同寻常并且奇特的组合（图 8-26、图 8-27）。

（2）旋转式。旋转式基本上分为两类，即场景类与模型类。场景类属于传统技法，跟一般立体书籍一样，将故事剧情分割成不同场景；模型类则指近代普遍用来制作城堡或房屋场景的类型。这种形式的立体书籍的特点是必须把书直立，然后把书本封面往封底折起，待封面与封底靠拢后形成柱状，展现出许多具有层次的景致局部，就像迷你的旋转舞台（图 8-28）。

（3）折叠式。折叠式是一种相当传统的立体书籍技法，其特点是书页为上下对开，不同于一般的左右对开。因此，在阅读时必须把页面翻开呈垂直状，才能完全呈现立体效果（图 8-29 至图 8-31）。

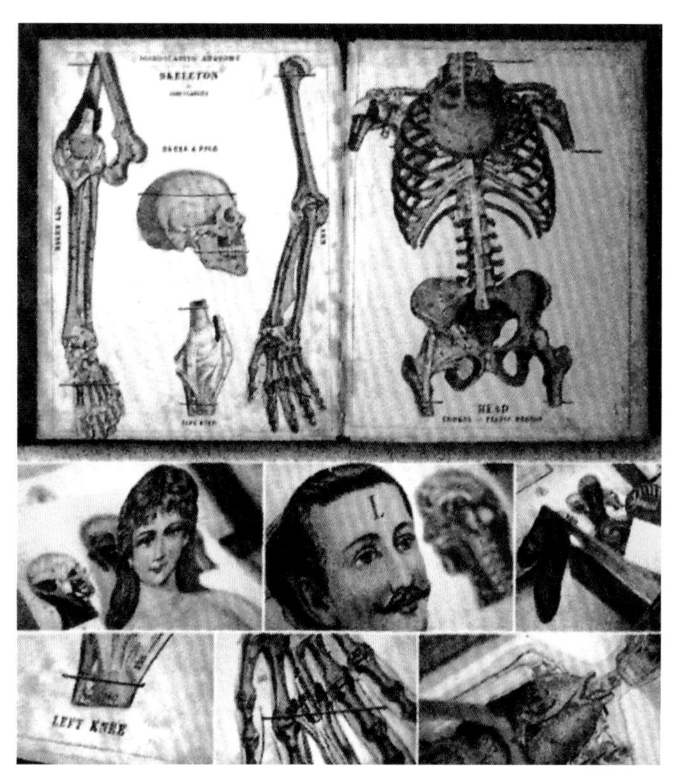

图 8-26 翻页式（一）

图 8-27 翻页式（二）

图 8-28　旋转式

图 8-29　折叠式（一）

图 8-30　折叠式（二）

图 8-31　折叠式（三）

（4）观景式。观景式立体书籍的页面翻阅方式分为平面和立体两种。平面翻阅类属于早期传统技巧，立体书经由切割设计，让读者可以在平面的页面上拉起一个密闭盒子式的平行场景。后来，经过折叠设计还发展出可以翻出橱窗形态的装饰场景，场景由多层景片一前一后间隔平行排列构成，就像立体舞台上的布景。有些剧场般的场景需要用手拉起，有些则是翻页时用拉杆将场景拉撑（图 8-32）。

（5）全景式。全景式立体书籍的装订呈屏风式折页结构，展开时可以同时看到多页连接成一个超过 180°的全景视野。有的书籍还在展开页的基本结构之外，加上多层次的透视效果（图 8-33）。

（6）插页式。插页式就是把缩小版的立体书页摆在页面左、右两侧，偶尔也会摆在上、下两侧，属于独立的元素。其主要目的是在不增加立体书页的前提下，纳入更多内容与纸艺。立体书籍基本上以场景纸艺为设计中心，这导致细部无法兼顾，这时插页式便能发挥补充说明的功能（图 8-34）。

（7）跳立式。跳立式就是以“跳动”的方式制作立体书籍，是立体书籍纸艺技巧里的古典技法。跳立式书籍的特点是能带给读者莫大的惊喜，所以每位艺术家无不绞尽脑汁发挥个人创意。它基本上是跨页结构，利用翻开书页时的拉力牵引粘贴其上的结构，在书页上出现三维空间的立体造型（图 8-35、图 8-36）。

图 8-32　观景式

图 8-33　全景式

图 8-34　插页式

图 8-35　跳立式（一）

图 8-36　跳立式（二）

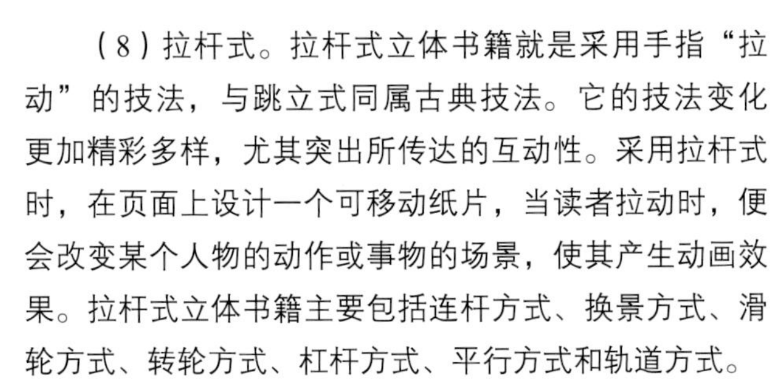

（8）拉杆式。拉杆式立体书籍就是采用手指“拉动”的技法，与跳立式同属古典技法。它的技法变化更加精彩多样，尤其突出所传达的互动性。采用拉杆式时，在页面上设计一个可移动纸片，当读者拉动时，便会改变某个人物的动作或事物的场景，使其产生动画效果。拉杆式立体书籍主要包括连杆方式、换景方式、滑轮方式、转轮方式、杠杆方式、平行方式和轨道方式。

①连杆方式。连杆方式是指通过连接可移动纸片，再经由拉杆被拉出或收回的动作，带动纸片产生联动效果。

②换景方式。换景方式与百叶窗的原理相同，其特征是每一页有两幅图，两幅图分为上、下两层叠置，上层为主景。上层页面切割成数条平行或辐射状的切缝，并把两幅图互相穿插，读者可以用拉平或旋转的方式让重叠的两张图互为隐藏，轮流出现并产生电影画面淡入淡出的效果。

③滑轮方式。滑轮方式是指可移动纸片用棉线串接在拉杆上，当抽动拉杆拉扯棉线时，纸片便会因棉线的拉扯而移动，就像拉窗帘绳的动作。

④转轮方式。转轮方式与滑轮方式一样通过棉线带动，但可移送纸片背面，装上塑料铆钉，再把棉线缠绕在塑料铆钉上，每当抽送拉杆时，纸片就像飞轮顺向或逆向旋转。

⑤杠杆方式。杠杆方式是指在拉杆与可移动纸片连接端折叠，拉动拉杆时折叠处被拉撑形成杠杆点将纸片翻转。杠杆是“打开”的动作，与拉杆移动方向相反。

⑥平行方式。平行方式的原理与杠杆方式相似，不同的是把拉杆放到页面上。平行是“关闭”的动作，与拉杆移动的方向一致，这和杠杆方式相反。

⑦轨道方式。轨道方式是指在页面上切出轨道，可移动纸片穿过轨道与拉杆连接，如此，拉杆被拉动时，纸片便会沿着轨道移动（图 8-37 至图 8-40）。

（9）综合概念式。使用特殊的印刷技术，综合以上或其他各式立体结构设计的立体书籍，都称为综合概念式立体书籍（图 8-41）。

图 8-37　轨道方式（一）

图 8-38　轨道方式（二）

图 8-39　轨道方式（三）

图 8-40　轨道方式（四）

图 8-41　综合概念式

三、立体书籍的功能

立体书籍的设计需要明确以图像立体化的结构来代替文字内容，而文字仅起辅助图像的作用，以使书籍的内容情节更能吸引读者，也更容易让读者了解。

立体书籍除具备平面图书的艺术性外，同时讲究排版的创意构思，注重阅读的趣味性、版面的和谐性、立体造型的美观性、材质与技法的新颖表现，还有设计师风格的独特性以及印刷和手工的精巧性等。因此，立体书籍的创作过程从构思、草稿、设计、完稿、印刷到纸张工程，其版面的构成和美感的呈现与平面图书相比更具挑战性，也更具艺术性。

立体书籍强调其“互动性”与“操作性”，不同于静态的图书，其通过折合、跳立等立体造型与可移动式设计进行展示，书籍的内容须经读者亲自操作才能得到展现。页面之间的效果突破了以往的平面排版思维，给读者带来了更多的想象力。因此，立体书籍的功能除了以生动和创意的方式描述内容外，还可以引导读者由立体书籍版式设计及纸张的折叠和切割的变化，引发视觉上的注意力，以娱乐的方式进行阅读，对发散性思维的激发和创作力的启发起到很大作用。

第三节　概念书籍设计

一、概念书籍的含义

概念是人类对一个复杂过程或事物的理解，是抽象的、普遍的想法和观念。抽象性和普遍性是概念的基本特征。抽象性在于它对事物本质的提炼；普遍性在于它适用于概念外延的具体事物。概念成为设计师构建自己设计思维的基本元素和出发点，并通过对概念本质的回归，拓宽设计思路，进行有意义的探索。比如对“书籍”这一概念的解释，每个人都有自己的理解，而正是这种抽象的界定为书籍设计提供了基本限定和无限宽广的创意发挥空间。从中国书籍形态发展的历史来看，书籍的形态经历了从竹简到卷轴再到线装书巨大的发展变化，每一种形态都为书籍提供了一种概念上的诠释。现代艺术家和设计师将书籍的概念扩大，创造出了具有试验性的艺术作品或设计作品。而概念书籍设计正是书籍艺术形态在表现形式、材料工艺上进行前所未有的尝试，强调观念性、突破性与创造性的视觉设计，以崭新的视角和思维去表现形态，更好地表现书籍的思想内涵。

在国内，概念书籍设计尚不多见，处于起步阶段。设计概念书籍，要求设计师必须有熟练的专业技巧、超前的设计理念，还必须有良好的洞察能力，需要站在更高的视角点上。书籍设计大胆的创意、新奇的构思往往能给人留下非常深刻的印象，有些书籍的形态超乎想象，这种概念书籍的特别之处在于它的外在形态与材质（图 8-42 至图 8-44）。

二、概念书籍的创意与表现

概念形态的设计为书籍艺术提供了一种新的思维方式和各种可能性。概念书籍的创意与表现可以

图 8-42　概念书籍（一）
Brian Dettmer（美国）

图 8-43　概念书籍（二）
Brian Dettmer（美国）

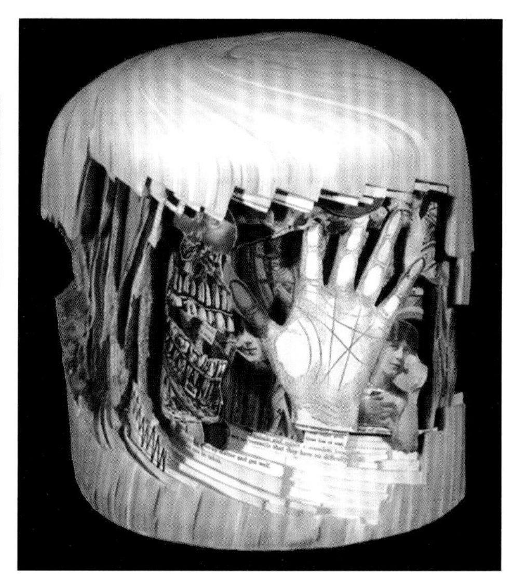

图 8-44　概念书籍（三）
Brian Dettmer（美国）

从它的构思、写作到版式设计、封面设计、形态、材质、印刷直至发行销售等环节入手；可以运用各种设计元素，并尝试组合使用多种设计语言；可以是对新材料和新工艺的尝试；可以采用异化的形态，提出新的阅读方式与信息传播接受方式；可以是对现代生活中主流思想的解读或异化；可以是对现有书籍设计的批判与改进；也可以是对过去的纪念或是对未来的想象；还可以是对书籍新功能的开发。在概念书籍的设计中，无论是规格、材质、色彩还是开合方式、空间构造等，都没有严格的规定或限制。

（1）材料。概念书籍的材料选择十分丰富。它既可以是生产加工的原材料，如金属、石块、木材、皮革、塑料、纸、蜡、玻璃、天然纤维、化学纤维等，也可以是工业生产加工后的现成用品，如印刷品、旧光盘、照片的底片、布料以及各种生活用品等，还可以通过各种实验来创造新的材料，如打破或重组常见的或废弃的材料，使之构成新的材料语言，产生新的观念和精神（图 8-45）。

（2）形态。概念书籍的形态是没有定式的，它可以突破六面体的旧形式，通过各种异化的手段，创造出令人耳目一新、独具个性的新形态书籍（图 8-46、图 8-47）。

（3）功能。形式服从功能，功能也是书籍的重要属性。在瞬息万变的现代社会，书籍除了为人们提供方便的阅读、记载信息和传承文化以外，其概念和功能还可以进一步开发和延展（图 8-48 至图 8-51）。

图 8-45　概念书所使用的各种材料

图 8-46　概念书籍　Brian Dettmer（美国）

图 8-47　《七折屏风》　齐岳峰

图 8-48 《千年和尚》　钟苏君

图 8-49 《心情日记》 第 4 届天津（中国）大学生平面创意设计大赛一等奖

图 8-50 《杭州印象》 潘望舒

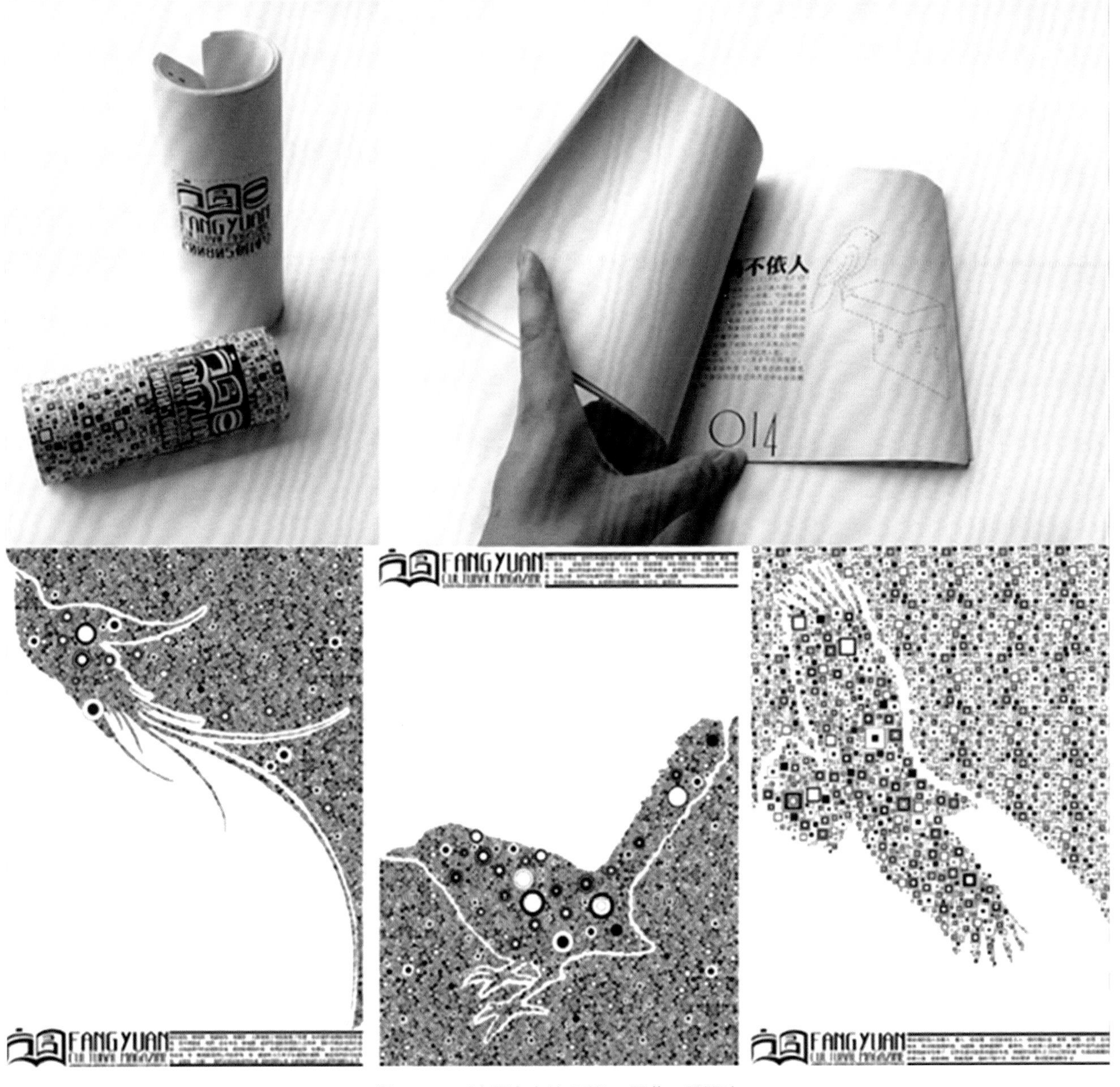

图 8-51 《方圆杂志社系列》 周芬、吴朋波

第四节　电子书籍设计

电子书封面设计欣赏

电子书，即 Electronic Book，简称 e-Book，也称电子图书、E书。它是利用现代信息技术创造的全新出版方式，将传统的书籍出版发行方式，以数字化形式通过计算机网络实现。e-Book 的出现，是当今互联网发展的结果，是网络时代的新生事物。电子书主要以电子文件的形式存在，电子书一般须通过网络链接下载至一般常见的平台，例如，个人计算机（PC）、笔记型计算机（NoteBook）、个人数字助理（PDA）、WAP 手机，或是任何可大量储存数字阅读数据（digital reading material）的阅读器。e-Book 与纸质书的区别在于其储存方式是计算机软件，流通方式是互联网，阅读方式是屏幕阅读，可以使用便携式阅读终端及特定阅读软件在计算机上离线阅读，出版和发行方式是网络化，获得方式则是电子化交易。

一、电子书的发展历程

电子书的发展主要经历了三个阶段：采用授权方式从远程登录到存放电子书的服务器去下载阅读阶段：纯文本格式，不需阅读软件支持，无著作权保护；应用计算机软件阅读阶段：Acrobat Reader、超星、方正；使用专用硬件阅览器阅读阶段：手持的电子图书馆，“掌上书房”。

（1）e-Book 的发展优势：传播迅速，周期短，不受时空之限；信息容量巨大，占用空间小，收藏方便；便于检索和统计；作为一种电子资源，灵活，可链接，可根据教学提供更多珍贵信息，价格低廉；给读者提供了便利，节约了读者的时间。

（2）e-Book 发展的制约因素：阅读习惯的制约；内容的局限；标准化的问题；知识产权及版权问题；法律条件；阅读设备、网络条件的制约。

（3）e-Book 发展前景的展望：随着电子书阅读器产品的日益多样化，电子书标准将逐步成熟，电子书形式将更加丰富，包括图文、声光等。

二、电子书与纸质书的联系和区别

电子书具有阅读与传播方便、界面美观等优点，它不仅是纸质书籍在网络世界流通的替代品，还是人们整理自己保存的文档、图片、网页等资料的好助手。例如，有时候我们把 BBS 上喜欢的帖子保存下来后，显得十分杂乱无章，这时就可以用电子书制作软件来打造一本 e-Book，既实用又美观；或者把自己的数码相片装订成一本电子相册；或者把自己的信件整理归档。对于高校图书馆而言，电子书不仅是学科调研的需要，而且能对重要的文献起到保障作用，解决部分高校图书馆经费不足问题。电子书更适合一些线性阅读材料，如小说等。而文字出版公司，缺乏有效的资源交流平台。对任何一家电子书企业来说，今后最大的挑战不是怎样制造硬件产品，而是如何运营各种来源的图书内容，包括整合图书内容、用标准来保护知识产权，以及通过网络运营商向消费者发送图书内容。

那么，电子书是否会代替纸质书呢？关于这个问题，无论是出版社还是电子书生产厂商已经形成一个共识：电子书不可能取代纸质书。两种出版技术在文字输入上是一致的，显示方式也是相同的，只是传统出版技术重在向照排系统发出组版指令，制版印刷强调字体清晰，印刷精美；而数字出版技术旨在建立结构化数据库，检索点丰富，便于查询。因而，计算机应用的早期一直有两种文字处理系统：一种是排版印刷软件，其处理对象为线性文件；另一种是数据库软件，其处理对象是结构性文件。两者相互不能转换。真正的电子出版市场还没有完全打开，人们的阅读习惯还停留在传统的纸质阅读上，而且，电子阅读器还是要做成书的样子，说明它本身还是以书为蓝本，无法脱离书这种既定文化形式的影响。如何在电子出版物的设计过程中拉近与传统纸质出版物的差距，为人们带来更好的阅读体验，应该是电子出版物未来发展的重要方向。有人说过：“手捧一本好书，依偎床头或者沙发椅上，床头放着一杯清茗，亲手摩挲着书页，闻着书页中发出的淡淡的油墨香味，品味书中文字背后潜藏的作者的思想，或者与书中人物同欢共悲，那是一种享受，有一种说不出的温馨。”这就如同为什么很多由小说改编的电视剧，大多都不受读者喜欢一样。他们看重的是在平时忙碌的工作后舒适、闲散、不易于疲劳的近乎享受的阅读方式，而不是在平时的工作之后还要拿着易于疲劳并且不同于平时的阅读习惯的电子书。尽管现在电子书的很多优点被人们接受，电子书的读者也在不断地增加，并且电子书也越来越接近纸质书的形式，但是两者之间始终有很大的差别，纸质书的读者并没有因为电子书的出现而放弃了纸质书，反而在两者之间发现了它们的一些差异性。很多人都将两者的特点发挥得恰到好处，在适合阅读电子书的条件下阅读电子书，在适合阅读纸质书的条件下也会选择纸质书。由此可见，电子书并不能替代纸质书，并且电子书与纸质书在未来将会长期并存。

三、电子书的设计与制作

常见的电子书有后缀为 exe 和 chm 的两种格式，所以我们也可将电子书分为 exe 电子书和 chm 电子书两个类别。exe 格式可以直接阅读，chm 格式需要专用阅读器阅读。下面列出了多种制作电子书的软件，大家可以通过网络去熟悉和了解相关软件的优缺点及制作方法。

（1）exe 电子书制作软件有 eBook Workshop、eBook Edit Pro、Natata eBook Compiler、eBook Pack Express、WebCompiler、友益文书等。

（2）chm 电子书制作软件有 Visual CHM、CHM 制作精灵、电子文档处理器（eTextWizard）。

对于电子书而言，其必须依赖于制作软件，因为它是艺术与技术的结合。对于图文创意及版面编排的一些原理方法与多媒体光盘开发和传统书籍设计并无不同，所以，本门课程我们不探讨相关技术问题（图 8-52 至图 8-58）。

01

Chapter 1: Evaluation

To say that the field of fashion design is highly competitive is a tremendous understatement. The fashion centers of New York, Paris, and Milan lead the industry, but are by no means the only places where a designer can pursue a career. Every major city now seems to have a regional pool of style makers, fashion design schools, and local fashion weeks. Do-it-yourself programs, classes, books, and magazines provide just enough of what someone might need to feel like an authentic fashionista. Reality television shows and unlimited access to information on the Internet also add to the mix of aspiring designers.

In the celebrity-driven culture that the fashion industry feeds, any inkling of talent will often be blown out of proportion. This exposure affords new designers with their coveted fifteen minutes of fame, but also robs them of the opportunity to fully develop their message and their craft. They are immediately tested by demanding consumers and media outlets moving at lightning speed. To survive depends on an understanding of how the system works and a healthy skepticism of their own press. In the long term, building a successful career as a fashion designer requires much more than making beautiful, well-constructed clothes. That's merely the price to play.

A good designer can create anything with sufficient research and a clear awareness of the design challenge being undertaken. A great designer does more. The Pareto principle describes a law of the vital few, where 80 percent of the effects result from 20 percent of the causes. In fashion, this small but essential core is the spark that sets things into motion. Visionary, unique, inspired, ahead of their time: Theirs are big shoes to fill, even when designers feel that they, too, have something to contribute.

The bad news is that when it comes to clothing the human body most everything has been done before. The good news is that it hasn't been done by each new designer. Why this should matter to anyone else is a tough question that demands a response full of meaning, purpose, and confidence; otherwise it just gets lost in the sea of options that flood the fashion marketplace every year. To truly grasp what one stands for both personally and as a designer will infuse one's work with passion and one's message with clarity.

10 THE FASHION DESIGN REFERENCE + SPECIFICATION BOOK

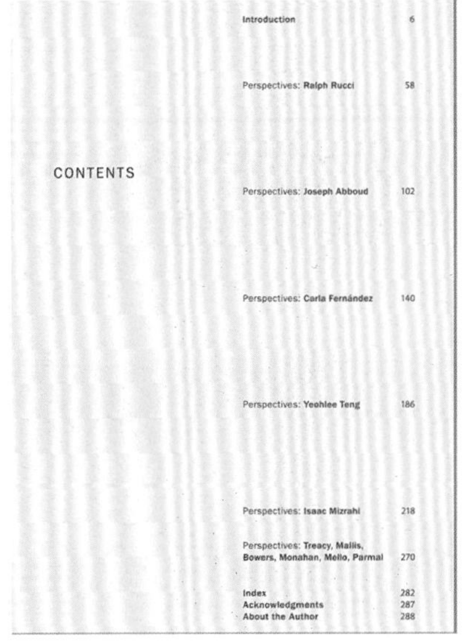

CONTENTS

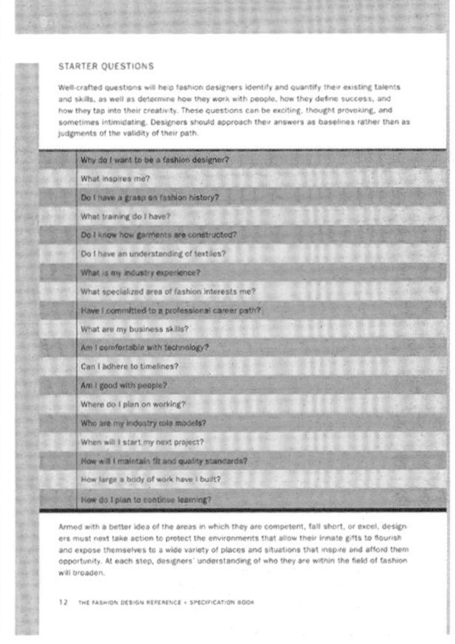

STARTER QUESTIONS

Well-crafted questions will help fashion designers identify and quantify their existing talents and skills, as well as determine how they work with people, how they define success, and how they tap into their creativity. These questions can be exciting, thought provoking, and sometimes intimidating. Designers should approach their answers as baselines rather than as judgments of the validity of their path.

Why do I want to be a fashion designer?
What inspires me?
Do I have a grasp on fashion history?
What training do I have?
Do I know how garments are constructed?
Do I have an understanding of textiles?
What is my industry experience?
What specialized area of fashion interests me?
Have I committed to a professional career path?
What are my business skills?
Am I comfortable with technology?
Can I adhere to timelines?
Am I good with people?
Where do I plan on working?
Who are my industry role models?
When will I start my next project?
How will I maintain fit and quality standards?
How large a body of work have I built?
How do I plan to continue learning?

Armed with a better idea of the areas in which they are competent, fall short, or excel, designers must next take action to protect the environments that allow their innate gifts to flourish and expose themselves to a wide variety of places and situations that inspire and afford them opportunity. At each step, designers' understanding of who they are within the field of fashion will broaden.

12 THE FASHION DESIGN REFERENCE + SPECIFICATION BOOK

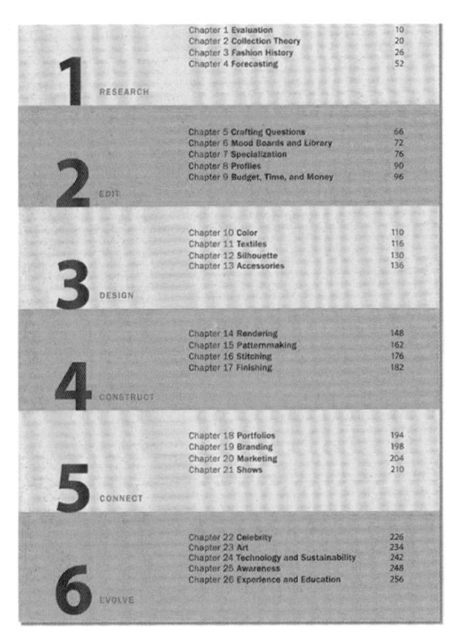

图 8-52 *Fashion Design*

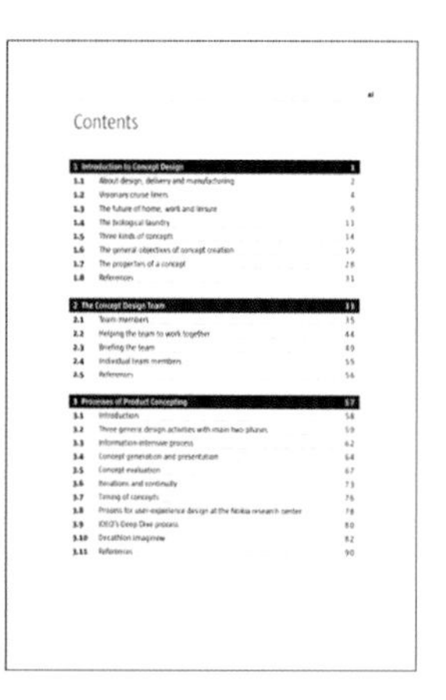

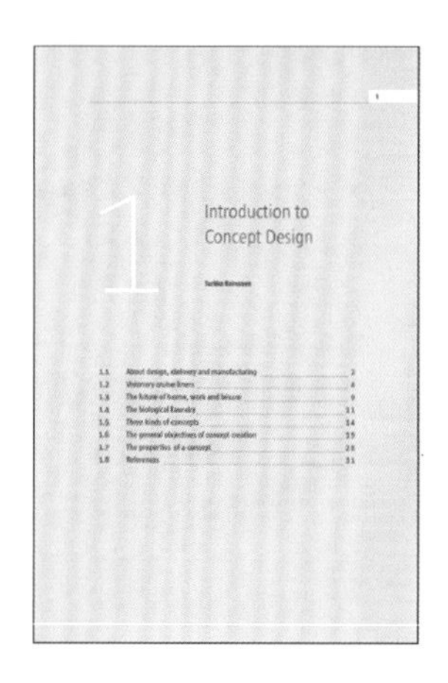

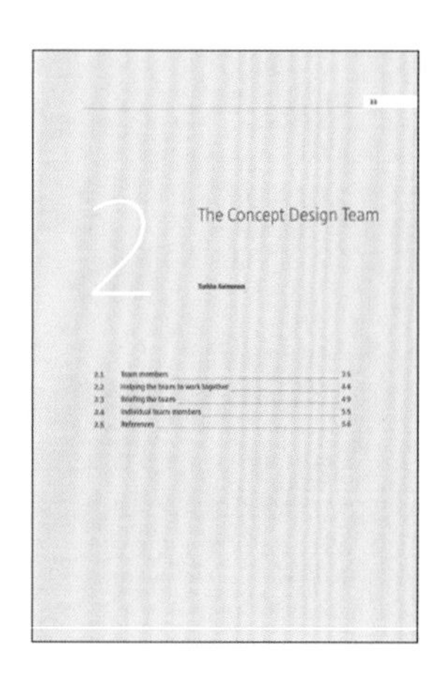

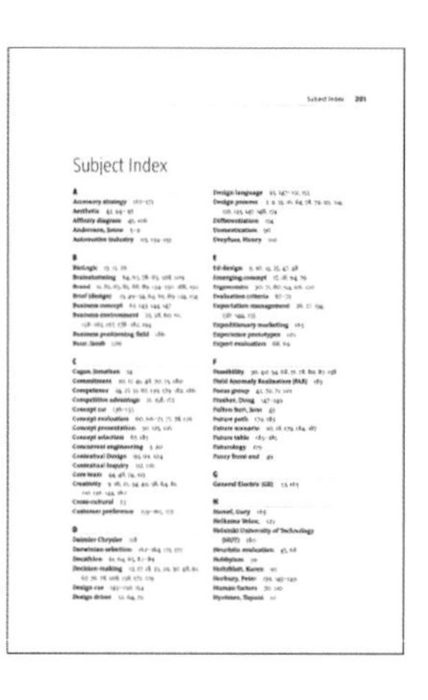

图 8-53 *Product Concept Design*

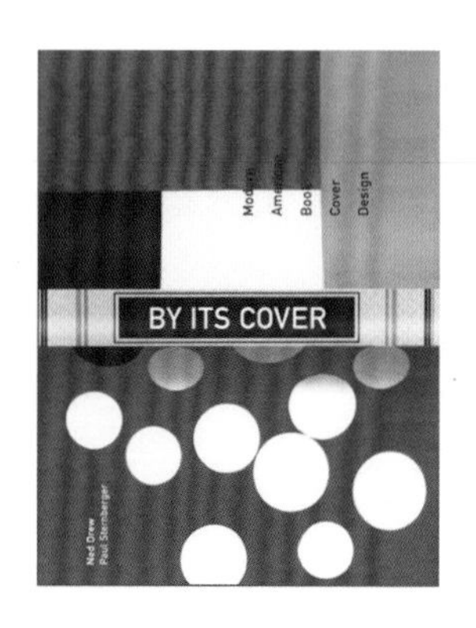

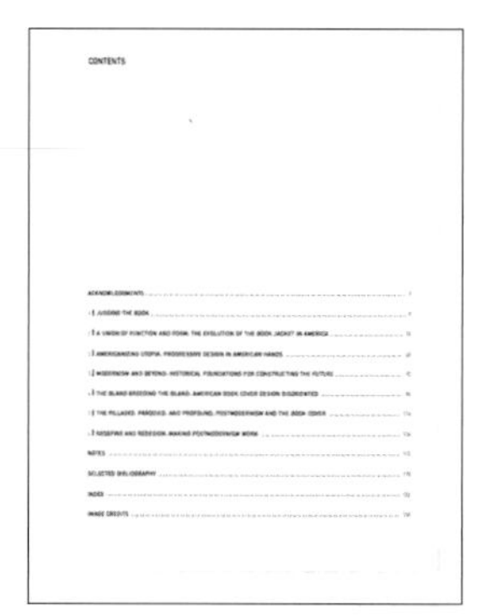

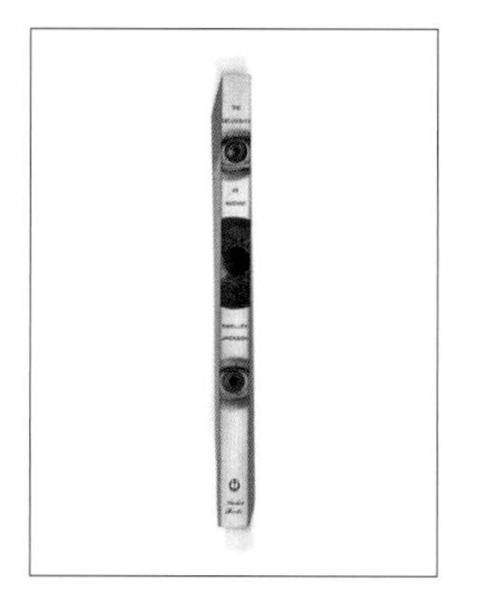

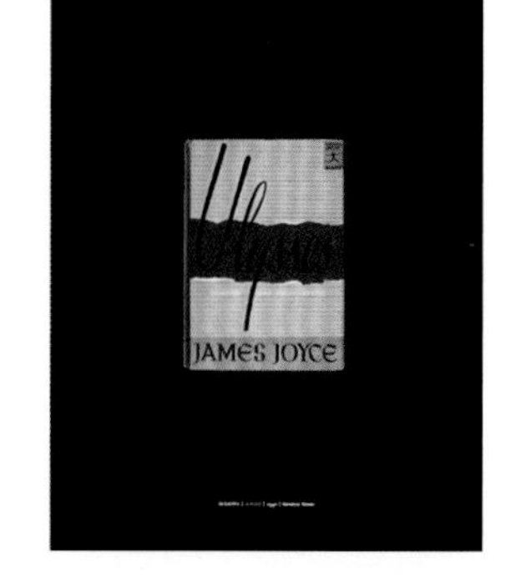

图 8-54 *By Its Cover*

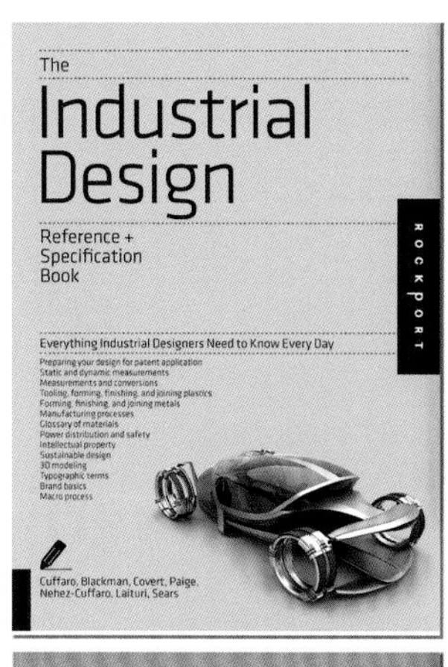

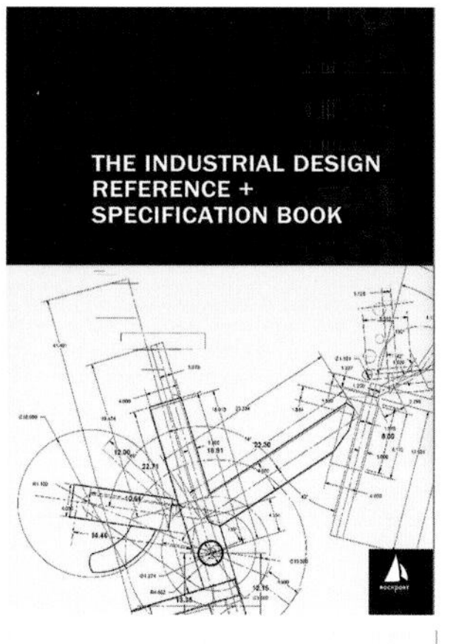

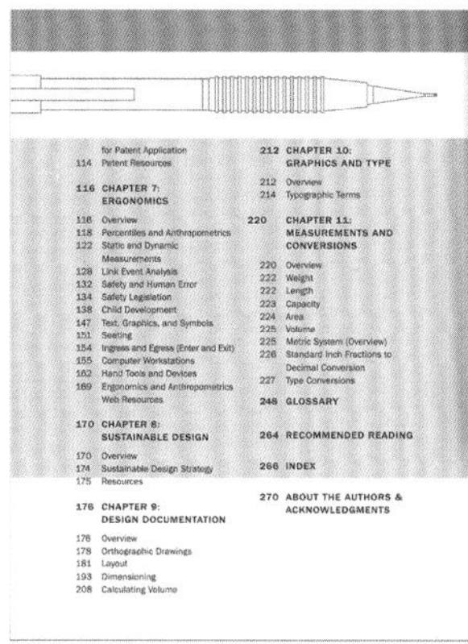

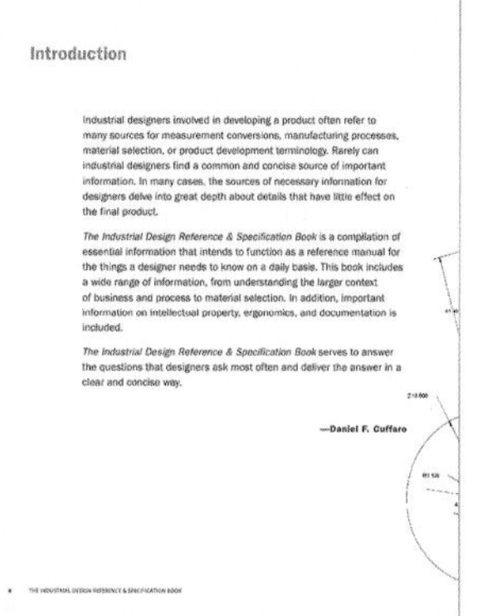

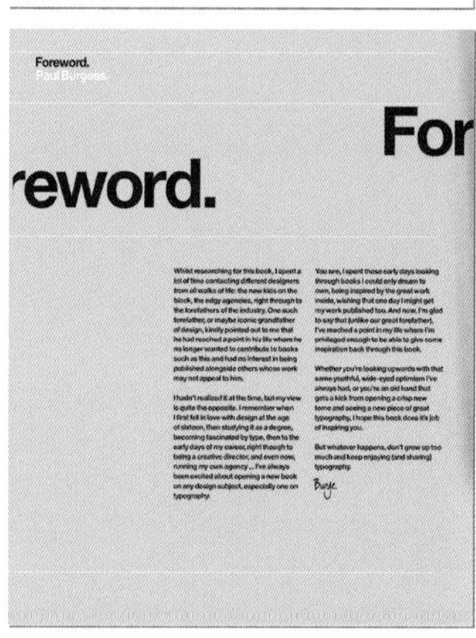

图 8-55　*Industrial Design*

图 8-56　*Design Type*

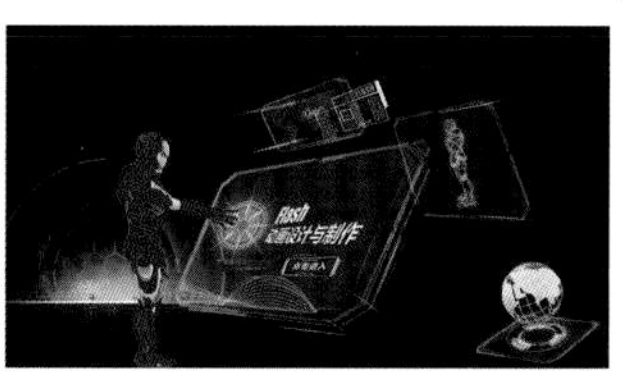

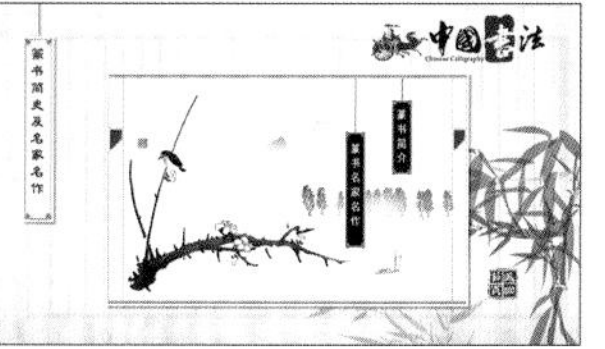

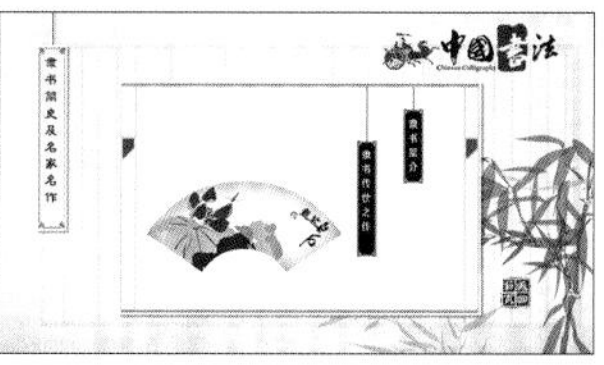

图 8-57　《Flash 动画设计与制作》　李勇

图 8-58　《中国书法》　李勇

思／考／与／实／训

1. 何谓立体书籍？立体书籍有哪些形式？
2. 何谓概念书籍？
3. 电子书籍的功能是什么？
4. 经常使用的电子书籍的制作软件有哪些？
5. 制作一本设计类电子书籍。

参考文献

[1] 张军，胡萍. 书籍设计[M]. 南京：南京大学出版社，2015.
[2] 陆岚，乔春梅. 书籍设计[M]. 哈尔滨：哈尔滨工程大学出版社，2014.
[3] 尚丽娜，钟尚联. 书籍装帧设计[M]. 哈尔滨：哈尔滨工程大学出版社，2017.
[4] 黄彦. 现代书籍设计[M]. 北京：化学工业出版社，2019.
[5] 张莉. 书籍装帧创意与设计[M]. 2版. 武汉：华中科技大学出版社，2019.
[6] 杨朝辉，周倩倩，刘露婷. 书籍装帧创意与设计[M]. 北京：化学工业出版社，2020.